中国轻工业"十三五"规划教材

建筑陶瓷工厂设计概论

主　编　杨　柯
副主编　程锦崇　罗民华　孙　熠
主　审　顾幸勇

中国建材工业出版社

图书在版编目（CIP）数据

建筑陶瓷工厂设计概论 / 杨柯主编. -- 北京：中国建材工业出版社，2021.6（2023.1重印）
ISBN 978-7-5160-3210-7

Ⅰ. ①建… Ⅱ. ①杨… Ⅲ. ①建筑陶瓷－工厂－设计－高等学校－教材 Ⅳ. ①TU276

中国版本图书馆 CIP 数据核字（2021）第 085121 号

内 容 提 要

本书结合我国当前建筑陶瓷工厂最新的设计理念与布局，阐述了建筑陶瓷工厂设计的基本建设程序、设计原理、总平面布置及评价指标，重点介绍了建筑陶瓷工厂的工艺设计、物料平衡计算、设备选型、仓库堆场设计、部分公共专业基础知识、技术经济分析、清洁生产、智能制造等内容。本书融入了具有自主知识产权的相关视频及图片等电子素材，在书中以二维码形式体现。

本书内容丰富翔实、资料全面、难易适中，可作为无机非金属材料工程等相关专业的教材，也可供从事无机非金属材料工厂设计、科研、生产的人员使用。

建筑陶瓷工厂设计概论
Jianzhu Taoci Gongchang Sheji Gailun
主　编　杨　柯
副主编　程锦崇　罗民华　孙　熠
出版发行：中国建材工业出版社
地　　址：北京市海淀区三里河路 11 号
邮　　编：100831
经　　销：全国各地新华书店
印　　刷：北京雁林吉兆印刷有限公司
开　　本：787mm×1092mm　1/16
印　　张：13.25
字　　数：300 千字
版　　次：2021 年 6 月第 1 版
印　　次：2023 年 1 月第 2 次
定　　价：60.00 元

前　　言

　　《建筑陶瓷工厂设计概论》（简称"本书"）是工科高等院校无机非金属材料工程专业的一门重要的专业基础课。

　　本书根据当前国内外建筑陶瓷墙地砖工业发展的趋势，结合我国当前建筑陶瓷墙地砖工厂最新的设计理念与布局，综合无机非金属材料工程专业的教学要求，按照科学性、实用性和先进性的原则，吸收国内外现有教材和有关书籍的有益内容，力求在科学性、实用性和先进性等方面有所体现。特别是根据高校教材坚持以学生为中心、成果为导向、持续改进的指导思想，在内容的安排和取舍上作了相应的变化；同时，在取材上依据当前最新的研究成果和生产实践经验，编制出一整套建筑陶瓷工厂物料平衡与主要设备选型的计算方法，以及车间工艺布置的方法和技巧。本书不仅可作为高校教材，也是一本能满足建筑陶瓷墙地砖工作者所需的参考书。

　　本书由景德镇陶瓷大学杨柯主编，程锦崇、罗民华、孙熠为副主编。绪论由孙熠博士编写，第1章、第2章、第6章由杨柯教授级高级工程师编写，第4章、第5章由程锦崇高级工程师编写，第3章由程锦崇高级工程师与杨柯教授级高级工程师共同编写，第7章由罗民华教授编写。全书由顾幸勇教授担任主审。顾教授学识渊博，治学严谨，为本书的完善提出了许多宝贵的意见。本书在编写过程中还得到景德镇陶瓷大学李凯钦、查越、常启兵、黄健、宫小龙等同仁和华南理工大学吴建青教授的鼎力相助，并得到景德镇金意陶陶瓷有限公司、景德镇乐华陶瓷洁具有限公司、临沂大将军建陶有限公司、广东兴辉国际陶瓷有限公司、佛山欧神诺陶瓷有限公司、科达制造股份有限公司、广东中鹏热能科技有限公司、广东金牌陶瓷有限公司、爱和陶（广东）陶瓷有限公司的大力支持与协助，在此致以衷心的感谢！

　　本书编写时间短，加之编者水平有限，书中难免有错误和不当之处，敬请读者指正。

编　者
2021年1月

目　　录

0 绪 论

陶瓷具有悠久的历史，是陶器和瓷器的总称。陶瓷按照用途可分为普通陶瓷和特种陶瓷。普通陶瓷（传统陶瓷），指所有以黏土、石英、长石等无机非金属天然矿物为主要原料制备的工业产品，是人们生产和生活中最常见和最常使用的陶瓷制品，根据其使用领域可分为日用陶瓷、建筑陶瓷、卫生陶瓷和电瓷等。特种陶瓷是用于各种现代工业和尖端科学技术领域的陶瓷制品，根据其性能及用途可分为结构陶瓷及功能陶瓷。

建筑陶瓷属于传统陶瓷中一个重要的分支，具有广泛的应用，并能达到丰富多彩的装饰效果，是较为重要的建筑装饰材料。建筑陶瓷是由天然矿物为主要原料经原料处理、成型、烧结等工艺制成，用于装饰与保护建筑物、构筑物墙面及地面的板状或块状陶瓷制品、琉璃制品、微晶玻璃陶瓷复合制品等。

目前，陶瓷岩板已经成为建筑陶瓷行业炙手可热的产品，甚至在泛家居行业里也享有一定的地位，可以说岩板开辟了陶瓷行业竞赛的新赛道，是建筑陶瓷企业跨界竞争的一大利器。岩板其英文描述是 SINTERED STONE，译为"烧结密质石材"，由天然原料和添加剂等经特殊工艺制备的一种高科技新型板材，集陶瓷板材各项顶尖生产技术于一身，是目前板材界的顶级产品。对比传统瓷砖，岩板是陶瓷砖产品的"放大"，拥有高强度抗冲击、高模数的断裂韧性等更优越的物理性能；同时，岩板作为板材，又有别于瓷砖，瓷砖一般是专供铺贴的，岩板还可以作为板材经过二次加工后应用，这样就要求岩板具有较好的二次加工性能。

0.1 建筑陶瓷墙地砖概况

0.1.1 建筑陶瓷墙地砖概念及分类

陶瓷砖或墙地砖，是指用于建筑物的墙、地、柱、台等表面装饰性铺贴的片状陶瓷装饰材料。国家标准 GB/T 4100—2015《陶瓷砖》对陶瓷砖的定义为：由黏土、长石和石英为主要原料制造的用于覆盖墙面和地面的板状或块状建筑陶瓷制品。陶瓷砖在室温下通过挤压、压制或其他方法成型，经干燥与装饰后，在满足性能要求的温度下烧制而成。建筑陶瓷墙地砖常见的分类方法如表 0-1 所示。

表 0-1 建筑陶瓷墙地砖分类

分类依据	名称	特点简介	样品实例
产品用途	外墙砖	用于建筑外墙的装饰和保护。外墙砖通常产品规格较小并注重整体搭配，如颜色搭配、规格搭配、多色混贴等。产品对吸水率、热稳定性、耐候性、耐酸碱等有较高要求，且要求铺贴后不易剥落	

分类依据	名称	特点简介	样品实例
产品用途	内墙砖	主要用于室内的墙壁装修，多用于厨房、卫生间等。内墙砖产品规格与表面装饰方法较为丰富，多为有釉产品，表面防潮、抗化学腐蚀强和便于清洁，产品吸水率较高，以便铺贴	
	地面砖	铺贴在建筑物地面的瓷砖。地面砖作为一种大面积铺设的地面材料，利用自身的颜色、图案、质地营造出风格迥异的室内环境。具有质地坚实、便于清理、耐热、耐磨、耐酸碱、不渗水等特点	
成型工艺	干压成型	干压成型是将含有一定水分的颗粒状粉料装填在钢质模型中，用较高的压力压制成坯体，或采用皮带式板材成型系统，无模压制成型	
	挤压成型	挤压成型是将可塑性泥料放入专用挤制成型设备，通过施加一定压力，使用活塞或螺杆通过开放式的压模嘴挤出成型坯体，挤出后的坯体可保持原有形状。我国挤压陶瓷砖的生产量远低于干压陶瓷砖的生产量。市面上最常见的挤压陶瓷砖多为劈开砖产品	
施釉情况	釉面砖	产品表面有一层釉质。釉面的主要作用是使产品表面形成各种花纹、颜色，提高表面光洁度、致密度，以丰富产品的装饰效果，且有利于防污	
	无釉砖	坯体不经过施釉工艺，具有很好的防滑性和耐磨性。无釉的瓷质砖通常为抛光产品，即抛光砖，具有耐磨、耐腐蚀、表面光亮如镜等优点	

续表

分类依据	名称	特点简介	样品实例
吸水率	瓷质砖	瓷质砖是用于建筑物墙面、地面及其他家装领域起装饰和保护作用的吸水率不大于0.5%的陶瓷砖。抛光砖、仿古砖、陶瓷岩板、全抛釉、抛晶砖、微晶石等产品均属瓷质砖范畴	
	炻质砖	炻质砖是指吸水率大于6%但不超过10%的陶瓷砖。炻质砖包括彩釉砖、外墙砖等。成型可以是干压成型，也可以是挤压成型。它的铺贴性能优于瓷质砖	
	陶质砖	陶质砖是指吸水率大于10%的陶瓷砖，主要制品是内墙砖，烧结程度低，为多孔质制品。其烧成收缩小，不易变形、铺贴方便，使用一般的水泥砂浆即可贴牢	

各类陶瓷砖产品质量标准见附录一：国家标准 GB/T 4100—2015《陶瓷砖》摘要。

0.1.2　建筑陶瓷墙地砖的生产工艺

建筑陶瓷墙地砖的成型方法主要有：挤压成型法，即将塑性泥团通过各种成型机械进行挤压、辊压等方法成型；干压成型法，是将含有一定水分的颗粒状粉料装填在钢质模型中用较高的压力压制成坯体，或采用皮带式板材成型系统无模压制成型。

建筑陶瓷墙地砖挤压成型生产工艺基本流程如图 0-1 所示。挤压成型工艺在建筑陶瓷墙地砖领域应用较少，主要用于劈开砖（也称为劈离砖、劈裂砖）的生产。

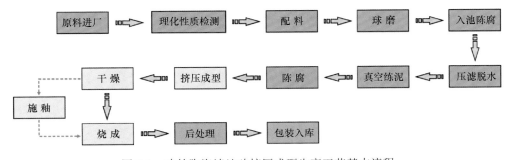

图 0-1　建筑陶瓷墙地砖挤压成型生产工艺基本流程

建筑陶瓷墙地砖干压成型生产工艺基本流程如图 0-2 所示。干压成型技术的主要优点在于：生坯强度高、干燥收缩率低、形状规整、尺寸规格易于调整、产能大、产品结构致

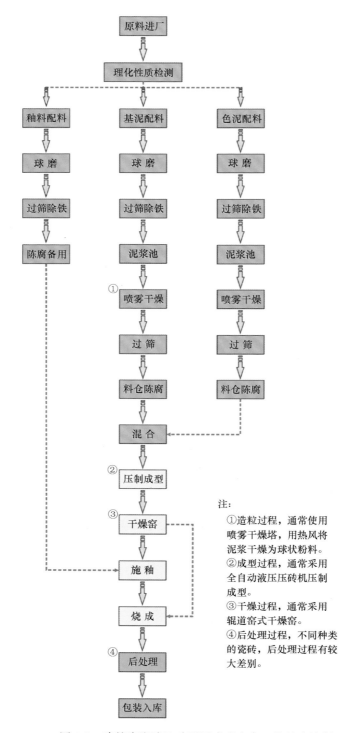

图 0-2　建筑陶瓷墙地砖干压成型生产工艺基本流程

密、适合各种表面施釉或抛光处理等，目前是建筑陶瓷墙地砖的主要生产工艺。

　　在选择建筑陶瓷墙地砖生产工艺流程时，应该在保证产品品质的前提下，选用设备先进、生产周期短、成本低的生产工艺流程。

0.2 陶瓷墙地砖发展简史

0.2.1 世界陶瓷墙地砖发展史

世界陶瓷墙地砖的发展与国家历史及传统习惯有关，具有不均衡、地域性等特点。例如，远东地区很少把经火烧炼过的制品（砖、瓦除外）用作墙、壁体装饰材料，而是把精力放在发展日用陶瓷生产技术上；西亚和欧洲则是主要发展建筑陶瓷墙地砖。

目前，世界上已知的最古老的砖是在巴勒斯坦耶利哥城的城墙上发现的，约在公元前 9000 年（图 0-3）。这样的砖仅仅是原始意义的砖，它是用留有稻根茬的黏土做成砖块，在阳光底下晒干而成，主要是用于承重的结构材料，而不是起装饰作用的建筑陶瓷砖。

图 0-3　耶利哥城的古砖（左）及古城墙（右）（巴勒斯坦，距今约 11000 年）

公元前 3500 年，古埃及人将黏土砖在阳光下晒干或者通过烘焙的方法将其烘干，然后对其上釉制色。这种砖与我们今天使用的墙地砖类似，是真正意义上的装饰瓷砖，也是目前世界上被发现的最古老的瓷砖。公元前 6～公元前 9 世纪，装饰面砖、浮雕面砖及锡釉面砖已经在人们的日常生活中出现。

历史发展到公元 6 世纪，在中东伊斯兰教地区，人们把明亮鲜艳的彩色釉面砖和马赛克砖装饰在清真寺等建筑上。这个时期，阿拉伯国家发展了陶瓷色料，并传到西班牙。公元 10～15 世纪，釉面砖被广泛用于墙壁、楼梯、地板及天花板。公元 14～16 世纪，地中海中的马约卡岛上的商人把制作瓷砖的技术从西班牙带到意大利。由于该时期正处于意大利文艺复兴时代，因此，意大利将建筑陶瓷砖的制作技术及艺术直接推向新的高峰，不久便成为世界陶瓷墙地砖生产中心。到目前为止，意大利是全球公认的陶瓷墙地砖强国，无论是在产品研发、艺术设计，还是在生产制造、品质等方面，均居世界领先水平。

0.2.2 我国建筑陶瓷墙地砖发展简史

我国是世界闻名的陶瓷古国，早在两千多年前，秦砖汉瓦已经被人们广泛使用，然而，用于墙面、地面装饰的墙地砖生产技术在我国不足百年，具体发展简史如图 0-4 所示。

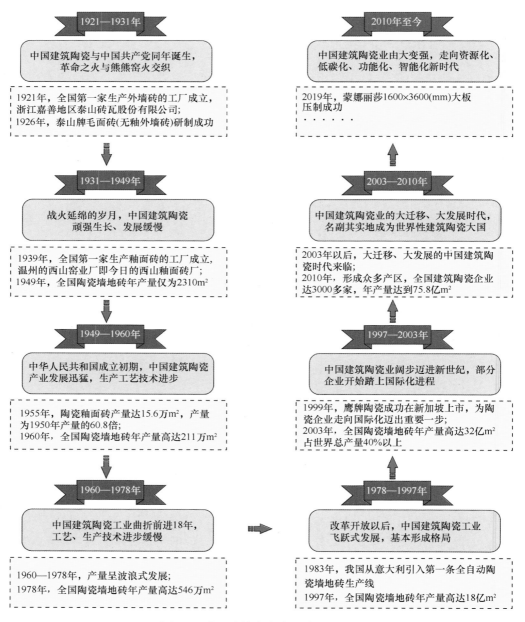

图 0-4　我国建筑陶瓷墙地砖发展简史

我国建筑陶瓷墙地砖从无到有，从小到大，从大到强，从产业转移到产业提升，走"资源化、低碳化、功能化、智能化"发展之路，正迈着蓬勃朝气、健康发展的步伐走向未来。

0.3 我国建筑陶瓷墙地砖生产现状及国际发展趋势

0.3.1 我国建筑陶瓷墙地砖企业分布及产量

我国的建筑陶瓷已成为世界生产和消费大国，不仅在产量和生产企业的数量上名列前茅，而且在质量和生产技术方面也与世界先进水平不相上下。从行业整体格局来看，我国建筑陶瓷墙地砖市场品牌林立，市场集中度较低。

20 世纪 80 年代到 90 年代初，建筑陶瓷生产企业主要分布在河北唐山、广东佛山、山东博山，形成了建筑陶瓷业"三山鼎立"的格局。当时广东佛山地区的产量最大，陶瓷砖产量约占全国的一半。至 90 年代中后期"三山鼎立"的局面逐渐被打破，取而代之的是"三山一海夹两江"的产业布局。"三山"指广东佛山、山东博山（淄博）、河北唐山；"一海"指上海，包括江浙地区；"两江"一指四川夹江，包括川渝地区，二指福建晋江，泛指福建省。进入 21 世纪，随着国家产业政策的调整，佛山、上海等地区大批建筑陶瓷企业迁入江西、湖南等地，建筑陶瓷墙地砖产区遍布全国，大小产区约 60 个，分别如下：广东（佛山、肇庆、清远、河源、开平、恩平、潮州、云浮）、广西（藤县、武鸣、北流）、福建（晋江、南安、闽清、漳州）、江西（高安、丰城、景德镇）、湖南（岳阳、衡阳、通城）、贵州（清镇）、云南（易门）、四川（夹江、丹棱）、湖北（当阳、宜都、蕲春）、安徽（淮北、萧县）、浙江（温州）、江苏（宜兴）、山东（淄博、临沂）、河南（鹤壁、长葛、新郑、禹州、内黄、内乡）、陕西（咸阳、铜川、千阳、神木）、山西（朔州、阳城、阳泉）、河北（唐山、高邑）、辽宁（法库、建平）、吉林（桦甸）、内蒙古（鄂尔多斯、呼和浩特、包头）、宁夏（中卫）、新疆（米泉、伊宁）。其中，泛佛山产区、福建晋江产区、江西泛高安产区、四川夹江产区、山东淄博产区、广西藤县产区、辽宁法库产区、河南内黄产区、湖北宜昌产区、湖南泛岳阳产区入围全国建陶产区前 10 强，成为构建中国建陶产业新版图的重要组成部分。其各产区特点如下：

泛佛山产区：广东佛山是我国陶瓷墙地砖的发源地之一，产品齐全，是建筑陶瓷墙地砖的主要生产基地，具有突出的产业链、配套的产业资源、稳健的产业升级步伐等特点。近年来，佛山建筑陶瓷进行了产业大转移，大部分工厂已迁至周边的肇庆、清远、恩平、河源等地，形成了"泛佛山产区"。

福建晋江产区：晋江在外墙砖与地砖两类产品上并进，以强劲势头挤进中国重点陶瓷产区行列之中，具有企业小而多、以低利润多销量取胜的特点。

江西泛高安产区：高安具有丰富的陶瓷原料资源、发达的全国货运物流等优势，曾号称"釉面砖王国"。近年来，高安建筑陶瓷产业发展迅猛，产品品种齐全，形成以高安、景德镇、丰城等多个大型生产基地集聚的"泛高安产区"。

四川夹江产区：号称"西部瓷都"，以瓷片生产为主，具有丰富的能源和原材料及劳动力成本低廉等特点，但该区企业规模较小，而且由于受地势影响，运输也较为不便。

山东淄博产区：素有"南有佛山，北看淄博"之称，具有产品品种丰富、销售区域辐射面广、配套设备齐全、原料资源丰富等特点。

广西藤县产区：是我国新兴陶瓷产区，建筑陶瓷产区高速发展，大量工业区应运而生，更形成产区集群效应，推动产业壮大，且该区水道运输方便，物流成本可有效降低，但产区规模较小且企业分散，发展程度比较落后。

辽宁法库产区：该区从零开始，把自身打造成新型建材产业基地，逐渐壮大形成"东北瓷都"。该区陶土原料资源丰富，备受政府政策支持，以泛东北为发展目标，但发展时间不长，基础薄弱。

河南内黄产区：地处中原，交通发达，能填补中原地区陶瓷产区缺失的空白，市场广阔而且物流便利，又有丰富的陶土原料优势，但新发展产区都有共同的问题，如人才缺乏，行业内虽有当地大企业支撑，但不能形成产区支柱优势，产区产业配套资源尚不足等。

湖北宜昌产区：集中在当阳、宜都等区域。地处长江上游和中游的分界处，素有"三峡门户""川鄂咽喉"之称，水路运输便利，运输费用较低。

湖南泛岳阳产区：集中在岳阳县、醴陵等区域，产品在注重优质、品类丰富、造型色彩独特新颖的同时，向多功能方向发展，走特色发展道路，产区产业发展均衡。

在世界陶瓷砖行业中，意大利和西班牙是传统陶瓷砖强国，凭借精湛的技术和领先的设计，引领世界潮流，而中国和印度等亚洲国家陶瓷砖工业近年来发展迅速，是世界主要陶瓷砖生产基地。其中，我国的瓷砖产销量远大于亚洲其他国家，为世界上最大的瓷砖生产地及主要的瓷砖出口国，也是世界上品种齐全、产量最大、消费量最大、技术装备进步最快、产品具有较强国际竞争力的建筑陶瓷大国。

在城镇化加速、装修装饰需求向高端发展等因素的推动下，我国陶瓷砖产量在较高基数上继续提升，从1991—2003年的10多年时间里，我国的建筑陶瓷产量从2.72亿平方米猛增至32亿平方米，平均年增长率为22.9%。2005年的产量为35亿平方米，约占世界产量的二分之一。随后，建筑陶瓷产量逐年增加，至2014年，年产量终于突破100亿平方米大关。2020年1~11月，全国建筑陶瓷砖产量为94.3亿平方米（图0-5）。

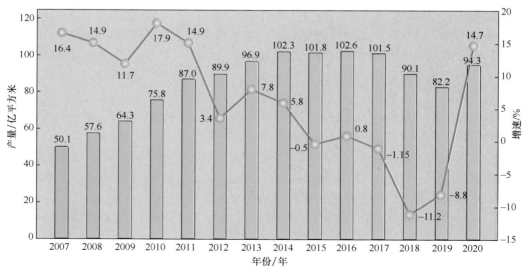

图0-5　我国2007—2020年（截至11月）全国陶瓷砖产量统计

（资料来源：中国建筑卫生陶瓷协会）

0.3.2 我国建筑陶瓷墙地砖未来发展方向与前景

从我国建筑陶瓷墙地砖的原料资源开发、产品生产、使用和废弃物的回收角度分析可以发现，物质流动、经济增长对资源消耗及环境的影响存在两种模式，即"资源—产品—废弃物"的单程式直线模式和"资源—产品—废弃物—再生资源"的反馈式循环模式。前者意味着创造的物质财富越多，消耗的资源就越多，产生的废弃物就越多，对环境的负面影响就越大；后者则是更有效地利用资源和保护环境，以尽可能小的资源消耗和环境成本，获得尽可能大的经济发展效益和社会环境效益。建筑陶瓷工业是重要的工程建设原材料供应行业，在国民经济建设中发挥着重要作用。目前，我国建筑陶瓷行业整体模式基本上为"资源—产品—废弃物"的单程式直线模式。传统意义上的建筑陶瓷墙地砖工业是典型的资源、能源消耗型行业，在其快速发展的同时，不仅面临着资源、能源的过度消耗和环境的严重污染，而且行业本身存在以下问题：①市场需求饱和度对企业发展模式的影响；②清洁能源（天然气）供应的稳定性；③环保、土地及劳动力成本的制约；④品牌效应、商业格局的变化对企业发展的限制。

针对上述存在的问题，目前我国建筑陶瓷墙地砖行业发展新动态表现为以下几个方面：①市场的风云变幻及国家政策导向（节能减排）迫使企业转型、产业升级，特别是节能减排、环保等政策是企业生存的第一步；②打造品牌、引领行业；③智能化、"无人化"工厂大势所趋；④创新发展、分工协作成为中小企业的生存之道；⑤资本助推、兼并重组、产业重新布局步伐加快；⑥制造成本持续上升，低端发展模式很难走得更远；⑦高素质人才作用越发突显；⑧"一带一路""降低关税、扩大进口"影响深远。

此外，科学技术的迅猛发展以及新材料、新技术、新设备、新工艺的不断运用，推动了建筑陶瓷墙地砖产品的多元化发展，出现"六化"趋势（图0-6）：

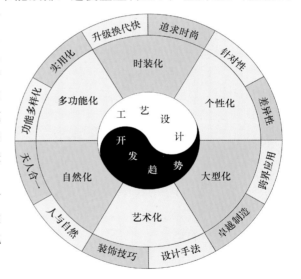

图 0-6 我国建筑陶瓷墙地砖发展趋势

1. 时装化

受市场的影响，产品更新速度非常快，产品生命周期大大缩短，新产品层出不穷，小批量、多品种、转产快成为工业化大生产的新动向，具有反应迅速、升级换代快、追赶潮流、追求时尚、追逐流行色彩等特点。

2. 个性化

企业着力开发个性化产品，根据市场变化和消费者需求，有针对性地进行产品开发，提供更多的个性化产品，通过体现产品的差异化来寻找和开拓市场空间，通过产品的差异性来带动新的消费观念和消费行为，激活市场。

3. 大型化

大规格建筑陶瓷墙地砖（大板）因良好的加工性能与跨界应用能力已经成为行业发展

趋势。大板（例如陶瓷岩板）就如一块尚未裁剪的布料，尺寸越大，裁剪设计的空间就越大，激发了空间活力与创造能力，诠释了新的生活理念。大型化能与金属、木材、玻璃等材料复合，赋予设计更多可能，赋予空间更高价值。部分大板的柔韧新特性，赋予了建筑全新的结构和艺术形态，从平面到曲面，从不可能到可能。

4. 艺术化

瓷砖将越做越精美，随着生产水平的提高、设计观念的更新、文化内涵的注入，瓷砖已不再是一件简单的产品，乃至可以称为凝聚了创作者心血的艺术品。尤其是知名建筑家、设计师、艺术家大量介入建筑陶瓷行业，更使瓷砖设计与装饰范围变得丰富多彩，在设计手法和装饰技巧上达到艺术化的效果。

5. 自然化

随着工业化、城市化的推进和审美情趣的提高，返璞归真、贴近自然、回归自然将成为重要的消费理念。美到极致是自然，仿古、仿自然类产品渐受欢迎。自然化既体现人与自然的完美结合，又体现艺术与自然的和谐统一，即设计中蕴涵的"天人合一"思想。

6. 多功能化

瓷砖产品正在突破过去仅限于耐用和装饰的范围，朝着功能多样化的方向发展，这是许多大企业新品开发的新方向。由于将多功能开发理念注入到新产品开发中，具有多功能的陶瓷产品也不断涌现。如具有吸声功能、反射音响的专用音响功能瓷砖，具有防止静电性能的防静电瓷砖，具有抗菌、保洁功能的抗菌瓷砖，以及智能化新型产品等。

国家"十四五"规划明确规定，建材工业应把创新驱动、转变发展方式，推进供给侧结构性改革，作为发展的动力；把做减法"去产能"，淘汰落后产能、压缩无效产能，做加法"补短板"，增加新兴产业和增加新需求，作为结构调整和转型升级的主要任务；把加快发展绿色建材生产与使用，拓展延伸建材服务业，"走出去"国际化经营，改造传统产业向高端发展，促进现代化、智能化、绿色化，作为新的经济增长点的主要支撑；在有增有减、有得有舍中全面推进结构调整优化，为实现创新提升、超越引领世界建材工业的战略达到时间过半目标过半奠定基础。

建筑陶瓷企业在新时代应该怎么做？①环保毫无疑问是企业首先要面临的一个生存问题，因此，在环保达标方面，企业要大力推进行业节能减排技术的应用。②大力推进行业结构调整和优化布局，依托资本和品牌力量，快速提升行业集中度。③大力推进行业智能制造，大幅提高劳动生产率，提升劳动市场需求，解决当下以及未来用工难、招工难的问题。④大力提升行业创新意识、创新能力和创新水平。⑤加大力度研究解决可持续发展的清洁能源问题。

1 基本建设程序

　　建筑陶瓷工厂设计工作应贯彻艰苦奋斗的精神，以技术先进、经济合理、安全适用、绿色环保为基本原则。工厂发展依靠技术进步，因此要尽量吸取国内先进技术和适合我国国情的外国先进技术，绝不能拿设计做试验，不成熟的技术不能用于设计的工厂，以免迟迟不能过关造成损失。设计中要时时刻刻考虑到我国的国情、经济效益、劳动保护和环境保护及产业的可持续发展要求，要使得工厂在建成后不但产品质量优异、产量满足企业规划要求，而且原材料和燃料消耗少、劳动生产率高、成本低、投资回收期短、投资效益高。

　　工厂设计往往是由各种专业人员共同完成的，包括工艺、总图、运输、电气、动力、土建、环保工程和技术经济等专业。其中工艺设计是主体，它的主要任务是确定工艺流程、设备选型、工艺设备布置，并为其他专业提供设计依据和要求。因此，工艺设计专业人员还必须具有其他专业的基本知识，并与其他专业人员互相配合，共同研究，达成共识，才能形成较好的设计方案。

1.1　基本建设程序的概念及要点

1.1.1　基本建设程序的概念及作用

　　基本建设是指工程项目的新建、扩建、改建、迁建和恢复，技术改造是指用先进的技术和设备对老厂进行改造。基本建设程序是指项目从决策、设计、施工到竣工验收评价整个工作过程中各个阶段及其先后次序。国家规定的基本建设程序是从实践过程中，总结经验教训的基础上制定的一套必须遵循的基本建设和技术改造程序。工程项目的建设和一切事物的发展过程一样，也具有各自发展的阶段和先后次序，紧密关联不能随意颠倒，这是客观存在的自然规律和经济规律的正确反应，是多年来基本建设经验的科学总结，是基本建设顺利进行的重要保证。不能搞"三边"工程，即边勘探设计、边施工、边生产，不能搞"五当年"项目，即当年定项目、当年设计、当年施工、当年投产、当年出成果。这样做，使得有些项目不做调查分析就定案，没有设计任务书就做设计，没有初步设计就列入年度计划，没有工程的地质水文资料就开工建设，在施工过程中任意修改设计，变更厂址，工程竣工不经验收就交付使用，这些违反基本建设程序的做法会给国家经济建设造成很大的损失。

1.1.2　基本建设程序的内容

　　基本建设程序可以归纳为三个阶段、六个步骤和十项内容：

1. 三个阶段

（1）准备阶段。由建设单位或工业企业编制项目建议书或企业技术改造规划。批准后就可以进行可行性研究，编制可行性研究报告，同时进行厂址选择，并在此基础上编制出设计任务书，报经上级机关批准。本阶段还要完成对选定的厂区和矿区进行工程地质、水文地质的勘察和地形的测量。要收集与设计有关的基础资料并取得与设计有关的各种协议书和证明文件。

（2）设计阶段。在完成准备工作的基础上，即可开展设计工作。设计人员必须到生产和建厂现场认真调查研究，做到精心设计、一丝不苟，按期提交设计说明书和图纸，以满足设备订货和施工的要求。

（3）建厂阶段。施工图设计完成后才能施工，这时设计人员必须亲临现场，认真负责地介绍设计内容和意图，协助筹建部门和施工部门处理与设计有关的问题，发现和修正设计方面存在的错误。施工结束后参加试运转、试生产，并认真总结设计中的经验和教训。

2. 六个步骤

（1）立项；

（2）决策；

（3）设计；

（4）施工；

（5）竣工验收；

（6）后评价。

3. 十项内容

（1）编写项目建议书（初步可行性研究）；

（2）进行可行性研究，编制设计任务书；

（3）编制初步设计文件；

（4）进行施工图设计和施工准备；

（5）上报新开工报告；

（6）列入年度计划；

（7）开工建设，组织施工；

（8）生产准备；

（9）竣工验收，交付生产；

（10）后评价。

1.2　基本建设程序的主要内容

1.2.1　编写项目建议书

项目建议书是项目建设筹建单位，根据国民经济和社会发展的长远规划、行业规划、产业政策、生产力布局、市场、所在地的内外部条件等要求，经过调查、预测分析后，提出的某一具体项目的建议文件，是基本建设程序中最初阶段的工作，是对拟建项目的框架性设想，也是政府选择项目和可行性研究的依据。

1. 项目建议书编写依据

项目建议书是企事业单位依据国民经济和社会发展长远规划，国家的产业政策、行业、地区发展规划，以及国家有关投资建设方针政策编写。

2. 项目建议书作用

项目建议书是为了初步分析和说明拟建项目建设的必要性、条件的可行性、获利的可能性，以分析必要性为主。项目建议书只是对拟建项目的一个轮廓概述，不要求十分精确，其所用数据一般可参照类似的已有资料进行推算。

有些大、中型和技术复杂的新建项目，在编制项目建设书之前，需要先进行初步可行性研究，并在上报项目建议书的同时附有初步可行性研究报告。初步可行性研究报告由项目建议书编报单位委托有资质的设计单位或工程咨询单位编制。

初步可行性研究不是必经阶段，有的项目，如因需要由主管部门指定要编制初步可行性报告，则其编制内容应能满足为编制和审批项目建议书提供可靠依据。

3. 项目建议书的主要内容

（1）项目提出的必要性和依据，如果是改扩建项目或技术改造项目则需说明现有企业概况；

（2）进行项目的市场预测，包括国内外供需情况的现状和发展趋势预测、销售预测和价格分析等；

（3）项目的建设规模和产品方案设想，包括对建设规模的策划和产品结构的分析与定位；

（4）建设地点，包括项目建设地点的自然条件和社会条件，环境影响的初步评价，建设地点是否符合地区产业布局的要求；

（5）资源供给的可能性和可靠性，开发矿产资源的需附经过储量委员会批准的工业储量报告；

（6）主要生产工艺技术的选择，需要引进技术和进口设备的，需提出引进和进口的国别、厂商的相关信息，主要工程与辅助配套工程的总体部署设想；

（7）外部协作条件，主要包括材料、燃料、电力、水源等供应和公共设施、运输条件等配合情况；

（8）项目投资测算，包括投资方向调节税和物价因素影响的投资额和资金筹措方案；拟利用外资的需说明理由和可行性；资金偿还的措施和方式，同时写明建成后所需流动资金的估算额；

（9）项目建设工期预计；

（10）经济效益和社会效益的初步评价，包括企业财务和经济评价的初步分析，内部收益率、投资回收期和贷款偿还期等测算。

4. 利用外资项目建议书的主要内容与要求

（1）中方合营单位名称，生产经营概况，单位法定地址，法定代表人姓名、职务，主管单位名称；

（2）合营目的，着重说明出口创汇、引进技术等的必要性和可行性；

（3）合营对象，包括外商名称、注册国家、法定地址和法定代表姓名、职务、国籍；

（4）合营范围和规模，着重说明建设项目的必要性，产品的国内外需求和生产情况，以及产品的主要销售目的地；

(5) 投资估算，合营项目需要投入的固定资金和流动资金总和；

(6) 投资方式和资金来源，合营各方投资的比例和资金构成的比例；

(7) 生产技术和主要生产设备，主要说明技术设备的先进性、适用性和可靠性，以及重要技术经济指标；

(8) 主要原料、材料、燃料、水、电、运输等需求量和来源分析；

(9) 项目所需人员的数量、构成和来源分析；

(10) 经济效益分析，需要说明外汇收支的安排；

(11) 主要附件：合营各方合作的意向书、外资信用调查情况表、国内外市场需求情况的初步调研和预测报告、有关主管部门对主要物料（如能源、交通等）安排的意向书、有关部门对资金安排的意向书。

项目建议书按要求编制完成后，按照建设总规模和限额的划分审批权限报批。

1.2.2 进行可行性研究，编制设计任务书

1. 进行可行性研究

可行性研究是对项目在技术上是否可行和经济上是否合理进行科学的分析和论证，是基本建设前期工作的重要内容，是项目决策阶段的关键程序之一。它对项目在技术、工程、经济和外部协作上是否合理和可行进行全面分析、论证，并进行多方案比选，认为项目可行后推荐最佳方案，据此编制设计任务书。

按照批准的项目建议书，由部门地区或企业负责组织和聘请有相应资质的勘察设计院或工程咨询公司进行可行性研究，并编制可行性研究报告。可行性研究是运用多种研究成果，在项目决定建设之前，根据国民经济长期规划和地区规划、行业规划的要求，对项目建成投产后的市场需求情况和盈利情况、建设条件、生产条件和工艺技术条件、投资效果以及对产业和地区发展的影响等，在认真调查研究的基础上，作充分的技术经济论证，对项目的建设在技术工程和经济上的合理性和可行性提出研究报告。如果经过分析研究认为项目的建设是可行的，研究报告即可作为编制设计任务书的依据。

1) 经审查批准的可行性研究报告的作用

(1) 作为平衡国民经济建设计划，确定项目编制和审批任务书的依据；

(2) 作为筹措资金和向银行申请贷款的依据；

(3) 作为与建设项目有关的各部门签订合同或协议的依据；

(4) 作为编制新技术、新设备研制计划的依据；

(5) 作为补充勘察勘探和补充工业性试验及其他工作的依据；

(6) 作为大型、专用设备预定货的依据；

(7) 作为从国外引进技术、设备及与外商谈判和签约的依据；

(8) 作为建设项目开展工程设计的依据。

2) 可行性研究报告的内容与深度要求

(1) 确定产品方案、生产规模及主要配套工程的规模；

(2) 确定厂址与用地面积及范围；

(3) 确定采用的主要生产技术和工艺，确定技术来源，提出主要生产设备选择意见；

（4）提供项目所需原料、材料、动力等数据，作为办理对外协作的依据；

（5）估算项目总投资，提出资金来源与筹措方式，拟订用款计划，为资金筹措提供依据；

（6）测算项目的投资效益，分析项目的抗风险能力；

（7）提出可靠的研究结论，对存在的问题提出改进和解决办法；

（8）能满足编制初步设计的要求；

（9）对不可行的项目提出处理意见和建议。

可行性研究报告的编制按发展改革委颁发的《轻工业建设项目可行性研究报告编制内容深度规定》（QBJS 5—2005）执行。

编制可行性研究报告必须实事求是，坚持客观性、公正性和科学性。项目总投资的估算要力求准确，初步设计概算和投资估算的出入不得大于10%，否则将对项目重新进行决策，以作为国家、计划部门以及初步设计控制投资规模的主要依据。

在进行可行性研究的同时，还必须进行厂址选择和环境影响报告书编制。

按照国家有关规定，厂址选择列入可行性研究的一部分，在报批可行性研究报告的同时，须附有厂址选择的专题报告。

国家有关部门颁发的《建设项目环境保护管理办法》明确规定了"凡从事对环境有影响的建设项目都必须执行环境影响报告书的审批制度""对未经批准环境影响报告书或环境影响报告表的建设项目，计划部门不办理设计任务书的审批手续，土地管理部门不办理征地手续，银行不予贷款；凡环境保护设计篇章未经环境保护部门审查的建设项目，有关部门不办理施工执照，物资部门不供应材料、设备"。建设项目的环境影响报告书或环境报告表应当在可行性研究阶段完成。

编制环境影响报告书的目的，是在项目的可行性研究阶段，即对项目可能对环境造成的近期和远期影响，拟采取的防护措施进行评价；论证和选择技术上可行，经济与布局上合理，对环境的有害影响较小的最佳方案，为上级部门决策提供科学依据。

可行性研究报告经批准后，不得随意修改和变更。如果在建设规模、建设方案、建设地区或建设地点、主要协作关系等方面有变动以及突破投资控制数时，应经原批准机关同意重新审批。经过批准的可行性研究报告，是确定建设项目、编制设计文件的依据。

可行性研究报告批准后，即国家、省（自治区、直辖市）、市（地、州）、县（市、区）同意该项目进行建设，何时列入年度计划，要根据其前期工作的进展情况以及财力等因素进行综合平衡后决定。

2. 编制设计任务书

设计任务书是工程建设的大纲，是确定建设项目和建设方案（包括建设依据、建设规模、建设布局、主要技术经济要求等）的基本文件，也是编制设计文件的主要依据，其作用是对可行性研究所推荐的最佳方案再进行深入的工作，进一步分析项目的利弊得失，落实各项建设条件和协作配合条件，审核各项技术经济指标的可靠性，比较、确定建设厂址的可行性，审查建设资金的来源。

设计任务书主要是概括可行性研究报告的要点，得出结论性意见。它是工程建设的指导性文件，制约着工程建设的全过程和各个方面，是属于决策性的文件。其主要内容有：

1）建厂的目的和依据

2）根据经济预测和市场预测确定项目建设规模和产品方案

（1）需求情况的预测；

（2）国内现有企业生产能力的估计；

（3）销售预测、价格分析和产品竞争能力分析；

（4）拟建项目的规模、产品方案和发展方向的技术经济比较和分析。扩建项目应说明对原有固定资产的利用情况。

3）资源、原材料、燃料和公共设施的落实情况

（1）经过储量委员会正式批准的资源储量、品位、成分以及开采和利用条件；

（2）原料、辅助材料、燃料的种类、数量、来源和供应可能；

（3）所需公共设施的数量、供应方式和供应条件。

4）建厂条件和厂址方案

（1）建厂的地理位置及气象、水文、地质、地形条件和社会经济现状；

（2）交通、运输和水、电、气的现状和发展趋势；

（3）厂址比较与选择意见。

5）技术工艺、主要设备选型、建设标准和相应的技术经济指标

（1）采用行业先进及成熟的生产工艺，生产设备以国产设备为主；

（2）引进国外设备要有维修材料、辅料和配件供应的安排，说明来源国别；

（3）对有关部门协作配套供应的要求。

6）主要单项工程、公共辅助设施、协作配套工程的构成、全厂布置方案和土建工程量估算

7）环境保护、城市规划、防震、防洪、防空和文物保护等要求和采取的相应措施方案

8）企业组织、劳动定员和人员培训的方案

9）建设工期和实施进度安排

10）投资估算和资金筹措

（1）建设项目所需的总投资额，利用外资项目或引进技术项目则包括用汇额；

（2）生产流动资金的估算；

（3）资金来源、筹措方式和贷款的偿付方式。

11）经济效益和社会效益

对建设项目的经济效益要进行分析，不仅计算项目本身的微观效果，而且要衡量项目对国民经济的宏观效果和对社会的影响。计算经济效益可以根据具体情况计算几个指标，如内部收益率、投资回收期、贷款偿还期等。

需要特别强调的是，一个建设项目如果设计任务书的编制和审批符合程序的规定，其深度、科学性和可靠性达到了规定的要求，即可谓"决策得当"，这项工程的建设就能顺利进行，并能取得预期的经济效益；反之，如果设计任务书缺乏科学依据或流于形式，即所谓"决策失误"，那么这项工程上马后，势必造成建设过程中各个环节工作的被动和浪费，甚至还会给投产后的生产经营埋下先天性的缺陷。由此可见，设计任务书是决定工程建设成败和投产后经济效益好坏的关键。

1.2.3　编制初步设计文件

设计任务书（可行性研究报告）经批准后即可据此开展设计工作，编制设计文件，一般建设项目按初步设计和施工图设计两个阶段进行设计。对于技术复杂却又缺乏经验的项目，经主管部门指定，需增加技术设计阶段；对一些大型联合企业为解决总体部署和开发问题，还需进行总体规划设计或总体设计。

总体设计是对一个大型联合企业或一个小区内若干建设项目中的每一个单项工程的设计而言，是与这些单项设计相对应而存在的，是编制单项工程初步设计的依据，它本身并不代表一个单独的设计阶段，它的主要任务是为解决总体部署和开发问题，是对一个小区、一个大型联合企业中的每个单项工程根据生产运行的内在关系，在相互配合衔接等方面进行统一的规划部署和安排，使整个工程在布置上紧凑、流程上顺畅、技术上可靠、生产上方便、经济上合理。总体设计应根据已批准的设计任务书、厂址选择报告，在单项工程开展初步设计前编制。

技术设计应根据批准的初步设计，对重大项目和有特殊要求的项目，为进一步解决某些具体技术问题，或确定某些技术方案而进行的设计。它是在初步设计阶段无法解决，而又需要进一步研究解决的复杂技术问题，经主管部门指定增加的一个设计阶段。技术设计的具体内容应能满足确定设计方案中重大技术问题和有关科学试验及设备制造等方面的要求。

技术设计应编制修正总概算。

初步设计是基本建设前期工作的重要组成部分，是工程建设设计的一个重要程序，它是项目决策后根据已批准的设计任务书和有关设计基础资料所做出的具体实施方案。经批准的初步设计文件（含概算书）是工程建设的基本依据。

所有的基本建设项目和技术改造项目都必须编制初步设计文件。技术要求和建设条件简单的小型项目，经主管部门同意，可以简化初步设计，只做设计方案。

设计编制按发展改革委颁发的《轻工业建设项目初步设计编制内容深度规定》（QBJS 6—2005）执行，设计深度应满足以下要求：

（1）主要设备订货资料，对个别需要试制的设备或部件，提出委托设计或试制的技术要求；

（2）主要建筑材料、安装材料（钢材、木材、水泥、大型管材及其他重要器材等）的估算和预安排；

（3）确定工程造价，控制总投资；

（4）土地征用的办理；

（5）确定劳动定员指标；

（6）经济效益、社会效益和环境效益的评估；

（7）满足设计审批的要求；

（8）满足工程实施准备的要求；

（9）满足编制施工图设计的要求。

1.2.4 编制施工图设计文件和施工准备

1. 编制施工图设计文件

施工图设计是设计的最后一个阶段，施工图设计文件的编制，应根据批准的初步设计（或技术设计）文件中所确定的设计原则、设计方案和主要设备等订货情况，按建筑安装工程或非标准设备制作的需要，绘制出正确、完整的表达工程范围内全部设计内容的建筑安装图样，据此指导施工，并编制施工图预算。

施工图设计文件的深度应满足以下要求：设备、材料的安排；各种非标准设备的制作；施工预算的编制；土建安装工程的要求等。

施工图的内容：

（1）总图：总平面布置图、道路平面图、竖向断面图、道路横断面图、土方工程图、管线综合图，详图如雨水明渠详图、工厂围墙详图等；

（2）工艺：工艺图与工艺设备布置图，工艺管道布置图、工艺安装图、含控制点的工艺流程图、设备制造条件图、设备一览表、材料汇总表、工艺设计说明、工艺安装说明等；

（3）建筑：首页图，包括设计说明、各种汇总表、平面图、立面图、剖面图、屋面平面图等；

（4）结构：设计说明，预制混凝土构件统计表，桩位平面图，桩详图，基础平面图，预制构件安装图，柱详图，柱上预留埋件平面图，柱上预留锚位拉砖墙用钢筋平面图；不同标高的楼面结构布置图（预制），不同标高的楼面模板图（现浇），不同标高的楼面板配筋图（现浇），不同标高的楼面设备基础、开孔、埋件及吊件布置图，楼面设备基础详图，梁详图，不同标高的梁吊筋或者箍筋加密平面图，屋面结构布置图（预制），屋面模板图（现浇），屋面板配筋图（现浇），屋架或屋面梁详图，楼梯图，底层设备基础布置平面图，设备基础详图，构筑物详图，其他构件图；

（5）电气、采暖、通风、供热、给排水等各种专业的施工图，设备材料表及设计说明等；

（6）编制施工图预算；

初步设计文件经批准后，总平面布置、主要工艺过程、主要设备、建筑面积、建筑结构、总概算等不得随意修改、变更。经过批准的初步设计，是设计部门进行施工图设计的重要依据。

施工图与初步设计图的区别：

施工图的平面、剖面图较完整、详细，尺寸标注详尽，必要时还应附有局部放大图。施工图有设备安装图和非标准件图，有各种材料明细表，而初步设计图没有。

施工图设计的以子项（车间、工段、系统）为单元，分专业编制，而初步设计则不是。

施工图纸提供给建设单位，施工方按图施工，完成项目的建设工程，初步设计图纸是无法按图施工的。

2. 施工准备

施工准备工作包括以下内容：进行征地、拆迁；采用招标等方式选定施工单位；落实施工用水、电、气、路等外部协作条件；进行场地平整；组织大型、专用设备预安排和特殊材料预订货，落实地方建筑材料供应；准备必要的施工图样等。

1.2.5　上报新开工报告

开工报告的审批文件是工程全面开工的指令。所有项目都要严格执行开工报告制度，前期工作没有做好，不准仓促开工。开工报告未经批准，不准开工建设，银行拒付工程款，擅自开工造成损失的，要追究领导和当事人的责任。

根据有关规定"建立基本建设项目开工报告制度。大、中型项目开工前，在做好基本建设前期工作的基础上，由建设单位会同施工单位共同写出开工报告，按初步设计审批权限报批"。

开工报告的基本内容：项目设计任务书（可行性研究报告）和初步设计的批准文件；"五通一平"情况；满足年度计划要求的投资和物资落实情况；施工设计文件（包括工程预算）和施工组织设计；由银行、财政等有关部门签发的建设资金落实文件和项目建成后流动资金来源的证明文件；与施工单位（或总承包单位）签订的施工合同；其他准备情况。

1.2.6　列入年度计划

大、中型和限额以上的项目必须纳入国家建设项目年度计划；小型和不足限额的项目必须纳入发展改革委下达给各部门、各地区的投资计划规模内；未纳入国家投资计划规模的项目，为计划外项目。

基本建设的工程建设周期长，项目建设往往要跨越几个计划年度，这就需要根据批准的总概算和总工期，合理安排分配年度建设内容和投资。年度计划中投资和内容的安排应与长远规划或中期规划要求相适应，应保证建设的连续性和节奏性，应与当年分配的投资、材料、设备等相适应，应同时安排配套项目，使之相互衔接。

批准的年度建设计划是进行基本建设用款的主要依据。

1.2.7　组织项目施工

基本建设施工是根据计划确定的任务，按照设计图纸的要求，把建设项目的建筑物和构筑物建造起来，同时把设备管线安装完好的过程。精心施工，保证建筑安装工程符合计划要求和设计意图，是顺利完成基本建设任务的一个重要环节。

施工是特殊的工作过程，要取得各方面的协作配合。在基本建设年度计划确定后，基本建设主管部门应根据计划的要求，保证计划、设计、施工三个环节的相互衔接，做到投资、工作内容、施工图纸、设备材料、施工力量五落实，保证建设计划按质量、进度的要求全面完成。

施工前设计单位要对施工图设计进行技术交底；施工单位要对施工图进行会审，明确质量要求。施工中应严格按图施工，如需变动，应取得设计单位的同意。大、中型工程项目，在施工安装时，设计单位一般都派有现场设计代表。

在施工过程中，应提倡科学管理，必须遵循合理的施工工序，做到文明施工。要严格按照设计的要求和施工及验收规范中的规定，确保施工质量。

1.2.8 生产准备

建设单位要根据建设项目或主要单项工程生产技术的特点，及时组成专门机构，有计划地抓好生产准备工作，为竣工投产创造良好的条件。

生产准备工作的主要内容：

（1）招收和培训必要的生产人员，组织生产人员参加设备安装、调试和工程验收，特别要掌握好生产技术，熟悉工艺流程；

（2）落实原材料、协作产品、燃料、水、电、气的来源和其他协作配合条件；

（3）组织工具、器具、备品、备件的制造和订货；

（4）组建强有力的生产指挥管理机构，制定必要的管理制度，收集生产技术资料、产品样品等。

生产准备是衔接工程建设和生产的一个不可逾越的阶段。有领导、有计划、有步骤地抓好生产准备工作，是保证项目建成后能及时投产、尽快达到设计能力、充分发挥投资效果不可缺少的一环。

1.2.9 项目竣工验收，交付生产

基本建设项目的竣工验收是全面考核基本建设成果的重要环节。竣工验收一般由项目批准单位或委托项目主管部门组织。

竣工验收依据：批准的可行性研究报告、初步设计、施工图和设备技术说明书、现场施工技术验收规范以及主管部门有关审批、修改、调整文件等。竣工验收主要有以下三个作用：

（1）通过验收，检验总体工程质量，及时发现和解决一些影响正常生产的问题，以保证项目能按设计要求的技术经济指标正常投产；

（2）通过验收总结经验教训，以利今后工作质量的提高；

（3）建设单位对经过验收的项目可进行固定资产的移交，使其由基本建设系统转入生产系统，交付生产。

做好竣工验收工作，对促进建设项目、及时投产、检验设计和工程质量、积累技术经济资料、总结建设经验、发挥投资效果等都起着重要作用。

竣工项目验收前，建设单位要组织设计、施工等单位进行初检，向主管部门提出竣工验收报告，并系统整理技术资料，绘制竣工图，分类立卷，在竣工验收时，作为技术档案，移交生产单位保存。建设单位要认真清理所有财产和物资，编好工程竣工决算，报上级主管部门审查。工程竣工后，决算资料应抄送设计单位一份。

竣工验收报告的基本内容主要有：设计文件规定的各项技术、经济指标经试生产的初步考核结论；全部竣工图样；建筑、安装工程质量评定结果；各项生产准备工作的落实状况；实际建设工期；工程总投资决算；各项工程建设遗留问题及处理意见等。

竣工项目经验收交接后，应迅速办理固定资产交付使用的转账手续，加强固定资产的管理。

1.2.10 后评价

后评价是对已建成并投产的基本建设项目，从立项决策、设计施工到竣工投产、生产

运营全过程的评价。对总结经验、吸取教训、作为同类项目立项决策和建设的参考依据，以改进基本建设工作，更好地发挥投资效益，提高宏观决策和微观管理水平，完善基本建设程序和深化投资体制改革，具有十分重要的作用。

后评价的依据：经国家认定，有审批权限部门批准的项目建议书、设计任务书（可行性研究报告）、初步设计（或总体设计）、开工报告和已经通过的竣工验收报告。

后评价的程序及管理：后评价项目的选择，必须是已全部建成投产的项目，以及少数独立的单项工程，并经过一段时间生产运营考核才能进行后评价。后评价工作分层次进行，大多数项目由行业主管部门（或地方）组织评价。建设单位完成"后评价报告"，主管部门完成"审查报告"，咨询公司组织完成"复审报告"。

项目后评价报告的主要内容：生产能力或使用效益，实际发展效用的情况；产品的技术水平、质量和市场销售情况；投资回收、贷款偿还情况；社会效益和环境效益的情况；其他需要总结经验和责任承担者。

基本建设程序反映了进行基本建设各有关部门及经济组织之间的联系。基本建设程序实质上就是人们在从事基本建设中必须共同遵守的行动准则和规范。实践证明，我国现行关于基本建设程序的规定，基本上体现了客观规律。当然，由于人们在认识上的局限性，这些规定还不可能完全反映客观规律。随着社会主义市场经济建设的发展，人们对客观规律的认识将进一步深化、进一步完善，关于基本建设程序的规定也将会不断充实和不断完善。

1.3　厂址选择

1.3.1　厂址选择的重要性

厂址选择是否合理直接影响到建厂速度、建设投资、产品成本、生产发展和经营管理等各个方面，所以厂址选择是工业建设前期工作的重要环节，也是一项政策性和科学性很强的综合性工作。

1.3.2　建厂地区与厂址的选择

厂址选择一般分两个阶段进行，即选择建厂的地区位置和选择建厂的具体厂址。建厂的地区位置由国家计划委员会或各部、各省、自治区或直辖市计委根据国民经济的远景规划和技术经济论证，确定工厂的所在地区或几个大概的地点，并且要在计划任务书内加以注明。工厂的具体厂址则由设计单位会同该企业所属的工业部门和主管机关的代表或建设主体共同选定。

1. 建厂地区选择

根据陶瓷产品不适宜长途运输和对原料、燃料及动力等需求量较大的特点，工厂最好尽可能靠近产品主要销售地区和原料基地，并应考虑到有良好的燃料供应和电力来源。当不能同时满足各项要求时，对于那些体积较大、运输过程中易于损坏的产品，如卫生陶瓷、化工陶瓷和大型高压电瓷等以靠近销售地区为宜。对于体积小、质量大和运输较方便的产品，如建筑陶瓷、一般电瓷制品和日用陶瓷等，则以靠近原料基地为宜。

在确定建厂地区时还应考虑整体的工业布局，以满足各个地区的需要。在规划地区的工业布局时，应考虑建厂的规模。陶瓷工厂的规模除了根据地区的需要外，还要考虑到当地交通运输和资源的条件。对于建筑陶瓷墙地砖而言，还必须考虑地区的产业链配套情况，如色釉料企业、陶瓷生产添加剂等化工企业、陶瓷机械装备企业、产品销售的展示等行业上下游产业的发展水平等因素。正确选择建厂的地区位置、建厂规模和合理的规划布局，对陶瓷工业的发展至关重要。

2. 建厂厂址选择

建筑陶瓷工厂的主要特点是工厂每天有大量的原料与产品进出厂区，因此首先应考虑建厂厂址的交通条件是否能够满足工厂的设计要求；其次建筑陶瓷工厂有较多重型生产设备如大吨位球磨机、压机、喷雾塔以及对地面安装水平度要求较高的干燥窑及烧成窑炉，因此必须考虑建厂厂址的地质条件；最后是建筑陶瓷产品生产过程中对水的需求量较多，应考虑尽量靠近水源地，降低用水成本。

1.3.3 厂址选择原则

（1）正确处理各种关系。要从全局出发，正确处理城市与乡村、生产与生态、工业与农业、生产与生活、需要与可能、近期与远期等各方面的关系，统筹兼顾，既要努力提高经济技术效果，又要符合工农业合理布局的要求，为人民创造良好的生产和生活环境。

（2）符合国家及地区的发展规划，贯彻执行"控制大城市规模，合理发展中等城市，积极发展小城市"的方针。

（3）节约用地的原则。现在全国平均每人只有不到一亩的耕地。比中华人民共和国成立初期的三亩一分减少了一半多，同世界其他国家比较，我国人均耕地是世界上最少的国家之一。要少占农民地，不占良田。

（4）充分考虑环境保护和可持续发展。综合考虑防洪排涝、灌溉、通航、发电、木材流放、供水等各方面的需求。工矿企业的废水、废渣、废气，一定要合理利用和处理，挖掘潜力，增加财富，变废为宝，化害为利，防止环境污染，维护生态平衡。

（5）注意实现专业化协作。产业上下游企业的发展是完善产业链促进行业进步的最有效方式。

（6）要注意保护自然风景区和文物。

（7）建厂类型必须符合城市性质，要以批准的城镇总体规划为依据。

1.3.4 建筑陶瓷墙地砖厂厂址的基本条件及要求

1. 条件

（1）厂址满足一级工业建筑要求，地面承重 $1.5\sim2\text{kg/cm}^2$；

（2）不应布置在有喀斯特、流沙、淤泥、土崩、断层、三级大孔土等地区；

（3）厂区位置和用地应避免洪水的威胁，陶瓷厂内主要建筑物和构筑物地坪构高应比该地区五十年一遇的最高水位高出 0.5m。

2. 要求

（1）应靠近主要原材料供应地区、产品主销售地区；

（2）应有丰富合格的水源和可靠的电力；

（3）要考虑合适的燃料来源；

（4）应考虑交通运输的方便；

（5）应有劳动力供应和其他协作的便利条件，充分考虑产业链的配套情况；

（6）厂区和居住区应保持一定的间距，设置必要的卫生防护地带，种植防护林和搞好绿化。厂区不应放在城镇居民的上风向、水流上游和人口密集的地方。

1.3.5　厂址选择的工作程序

1. 预备阶段

1）制定选厂指标。

由设计总工程师组织总图、运输、工艺和技术经济等方面的设计人员对设计任务书进行研究。根据估算或参照类似工厂的指标，拟订出本次选厂的各项指标，供现场选择厂址的需要。选厂指标一般包括以下内容：

（1）生产规模和建设年限；

（2）全厂总人数；

（3）全厂设备容量；

（4）全厂用电量；

（5）全厂用水量；

（6）全厂原料用量；

（7）全厂材料用量；

（8）全厂燃料用量；

（9）全厂废料量；

（10）全厂总运输量；

（11）全厂建筑面积；

（12）生产中需要与其他企业配合协作的项目和条件等。

2）根据类似工厂的资料和选厂指标，拟订工厂组成、主要车间的面积和外形。

3）估算出堆场面积和废料场面积。

4）收集建厂地区地形图、城市规划图，交通运输、地质、气象、水文和该地区工业建设及居民点等资料。

5）了解与有关单位和其他企业在生产和运输上协作的可能性。

6）了解水、电、燃料和原材料供应的可能性。

7）编制总平面略图。

8）预测全厂用地面积及外形。

9）估算总投资数。

10）施工期间建筑材料用水用电及劳动力的数量。

2. 现场阶段

在此阶段，选厂工作直接在现场进行。由设计单位、建设单位和专业部门的代表组成选厂委员会，必要时还需吸收有关单位，如城市建设局、铁路管理局和航运局等部门参加。另外，要注意依靠当地工农群众，他们最熟悉情况，能提供在文献上找不到的宝贵资料。本阶段要完成的工作任务为：

（1）对初步选定的厂址进行实地察看，察看的厂址数量和范围按实际需要决定。

（2）搜集建厂区域的技术经济和设计基础资料。为了了解地质条件，对合适的厂址，需要进行初步勘测。

（3）分析研究厂址的优缺点、合理性，了解和解决与建厂有关的问题。

（4）取得建厂有关的各种协议或证明文件。

3. 结束阶段

本阶段应对所选的几个厂区进行优缺点分析和技术经济对比，确定最经济合理的厂址。编写选厂报告，送上级机关审批。

1）选厂报告内容

（1）概述选厂依据、主要原则、人员组成和工作过程，几个厂址简述，推荐其中一个作为厂址；

（2）主要选厂指标；

（3）区域位置及厂址概况；

（4）占地及移民情况；

（5）工程地质及水文地质情况；

（6）地震及洪水情况；

（7）气象资料；

（8）交通运输；

（9）给水排水；

（10）供电及通信；

（11）原料、材料和燃料供应；

（12）施工条件；

（13）社会经济、文化等情况；

（14）方案比较；

（15）厂址鉴定意见；

（16）附件：

① 厂址区域位置图（比例尺为 1 : 5000～1 : 100000）；

② 总平面规划示意图（比例尺为 1 : 2000～1 : 5000）；

③ 当地主管部门同意在该地建厂的文件或会议纪要等；

④ 有关单位的同意文件、证明材料或协议文件。

2）厂址方案比较

厂区情况的比较：包括位置、地形、地面、地下、气象、水、电、交通、地震、防洪、卫生、劳力、施工、经营、管理，与城市和居民点的联系，与其他企业联系和协作等。

建设费用的比较：包括征地、拆迁、土石方工程、厂外运输线及设施、工程管网和建筑施工等费用。

企业经营费的比较：包括原料、材料、燃料价格，运输费用，给水、排水、电力、动力费用和劳动力费用等。

在比较建设费用和经营费用时，可按扩大的指数计算。经济对比可以按各项因素的全部费用加以比较，也可以按不同方案费用的差异加以比较，由此可以发现各个方案在经济上的优点或缺点。

任何厂址不可能十全十美，仅就一项经济指标并不能作为判断某一方案是否有利的完全根据。例如，某一方案由于运输距离较远或水站扬程的提高增加了生产经营费用，而另一方案由于土方工程较大增加了建筑费用。某一方案经济指标有利，但是职工生活条件较差。又如，某一方案条件较好，但需占用部分良田，而另一方案条件稍差，但却不需要占用农田等。因此选择厂址时，必须根据全部技术经济因素的总和加以综合研究。这就要求善于辨明某些因素只有局部的个别意义，而某些因素却具有重大的决定性意义。在各种条件中应当特别注意的是，区域开拓时与其他企业协作的可能性和加速建设完成时间的可能性。

为便于方案比较，有时可以采用列表的方式。列表的格式和项目参见表1-1。

表1-1　厂址方案技术经济比较表

比较项目	方案 I	方案 II	方案 III
1. 区域位置			
2. 面积、地形、地貌			
3. 总图布置条件			
4. 土石方工程			
5. 占地、移民			
6. 工程地质、水文地质			
7. 地震、防洪			
8. 交通运输			
9. 给水、排水			
10. 电力、通信			
11. 原料、材料、燃料供应			
12. 协作条件			
13. 施工条件			
14. 建设费用和企业经营管理费用			
15. 综合分析 ① 优点 ② 缺点			
16. 地方主管部门意见			
17. 结论			

1.4　设计基础资料

在正式开展设计前，设计单位应注意收集有关的设计基础资料和设计资料，为顺利进行设计创造条件。资料收集工作主要是在厂址选择阶段完成。

1.4.1 气象

气象资料可由当地气象台获得。除特殊要求如洪峰资料，一般取近 10 年的资料作为参考。

1. 气象观察地点、位置、经纬度、海拔高度、观察期限和本资料的来源

2. 气温

（1）逐月最高温度、最低温度和平均最高、最低温度；

（2）历年绝对最高温度和最低温度，历年绝对温度大于或等于 25℃ 的天数；

（3）冬季连续 5 天最冷温度的平均值和历年该平均值中最低 4 个值的平均数；

（4）历年冬季和最冷月份的月平均温度的平均值；

（5）历年夏季和最热月份的最热时间（13：00 或 14：00 时）月平均温度的平均值；

（6）历年平均的年平均温度。

3. 湿度

（1）逐月的平均相对湿度和最高、最低相对湿度；

（2）一年内平均相对湿度小于或等于 30％ 的天数；

（3）一年内平均相对湿度大于或等于 80％ 和大于或等于 90％ 的天数；

（4）历年冬季最冷月份的平均相对湿度；

（5）历年夏季最热月份的平均相对湿度。

4. 气压

（1）历年最冷月份和最冷 3 个月平均大气压的平均值；

（2）历年最热月份和最热 3 个月平均大气压的平均值；

（3）年平均大气压的平均值，常年最高和最低气压。

5. 风向和风速

（1）年、季、月平均风速，最大风速（风级）。历年最冷和最热 3 个月平均风速的平均值；

（2）冬季、夏季和年主导风向及其频率，附风玫瑰图；

（3）标准风压值，或历年距地面 10m 处的 10min 平均最大风速；

（4）风的特征：暴风雨、暴风雪及其成因，风沙地区风中的最高含沙量，沿海地区风中的最高含盐量等。

6. 雷、雨和雪量

（1）年平均降雨量和最大降雨量；

（2）月平均降雨量和最大降雨量；

（3）1 天、1 小时和 10min（5min）内最大降雨量；

（4）最大暴雨量，一次暴雨连续时间及强度值；

（5）年雷电日数或是否雷击区，雷电活动季节和事故发生情况；

（6）最大积雪深度和积雪持续天数；

（7）降雹记录及其破坏程度。

7. 云雾、日照及其他

（1）历年年平均晴、阴、雨、雪等的天数；

（2）每日日照小时数，冬季日照率（％）；

（3）历年雾天日数及每天小时数；

（4）历年逐月平均最大和最小蒸发量；

（5）地基土冻结深度。

1.4.2　地质、地震

1. 地质资料

（1）一般概况及特殊变化；

（2）地层构造与分布，有无滑坡、崩塌、陷落、喀斯特和断层等现象；

（3）岩石钻孔柱网剖面图和地质剖面说明；

（4）厂区及其附近有无有用矿藏或地下文物；

（5）厂区地层是否有如战壕、土坑、废矿坑、枯井或地洞等；

（6）各层土的物理化学性质，如地耐力、酸碱度、颗粒分析、天然含水量、体积密度、重度、液限、塑限、内摩擦角、内聚力、压缩系数、压缩模量和自由膨胀率等；

（7）地下水埋藏深度、流向、静止水位、常年最高水位、水质、化学成分及其对混凝土的侵蚀性等。

2. 地震资料

（1）发震背景、地震的活动性和地震频率；

（2）地震的基本烈度。

1.4.3　地形地貌

1. 厂址及周围地形、地貌，厂址位置坐标，平均海拔高度等

2. 地形图

（1）区域位置地形图用 1：10000 或 1：5000 比例，包括地理位置、交通联系、矿藏分布、电力电信线路、水源或供水网、污水处理排放、防洪排洪、河流、湖泊、山脉以及现有企业和居民区的位置等；

（2）厂区地形、地势图用 1：500 或 1：1000 比例；

（3）城市规划图，图上附有电力、上下水系统和企业分布等；

（4）铁路、公路、供水及供电等所需地形图用 1：500 或 1：1000 比例。水源地或取水构筑物附近地形图，交通和管线则沿中心线测绘带状地形图，均要与区地形图相接；

（5）防洪所需地形图用 1：2000～1：10000 比例。

1.4.4　交通运输

1. 概况

（1）原料、燃料和材料供应地点到厂区的距离和分布图，运输的方式和运价；

（2）生活区到厂区的距离和交通运输情况；

（3）厂区周围道路进入厂区的方向和相应的标高。

2. 铁路运输

（1）铁路管理局名称或专用线所有单位；

（2）靠近厂址的铁路连接点或车站；

（3）可能接轨地点的里程、路基与其上的建筑物；

（4）接轨点及接轨点附近的纵断面及横断面图；

（5）铁路系统的水准基点及标高；

（6）机车种类、牵引能力、通过时的最大空间尺寸，货车种类、车长、吨位和最大空间尺寸。

3. 公路运输

（1）厂区道路和厂外道路接线点的位置和标高；

（2）邻近铁路车站名称、到厂距离、装卸车的方式和时间；

（3）各种原料、材料和燃料到厂距离、运输方式、装卸车的方法和时间；

（4）成品和废料出厂的运输方式、装卸车的方法和时间；

（5）附近公路桥梁的最大承重；

（6）雨季和冰雪期间公路的路面情况；

（7）运输价格和装卸费用。

4. 水运

（1）河道通航情况及通航条件、船只形式、吨位吃水深度、使用码头及装卸设施；

（2）码头到厂区的运输距离和装卸方式、装卸时间；

（3）枯水期的周期、枯水时间、能否通航和运输吨位；

（4）洪水期的周期、洪水时间和运输吨位；

（5）河道的冰雪封冻周期和时间，冰封期的运输可能性和运输方式；

（6）水运价格和装卸费用。

5. 空运及其他

（1）附近机场的名称、位置、类型、等级和允许降落的机型及吨位；

（2）公共汽车、电车、地铁、人力车及畜力车等其他运输系统情况。

1.4.5 水文和水源

1. 地面水

1）河流

（1）河流的平面位置和流向；

（2）建厂地区的河床断面、河滩宽度、河床性质、河床变化情况、河床被冲坏的危险性、修建航运码头和停船点的可能性；

（3）河流的最大、最小和平均流速，最大、最小和平均流量，最高、最低和平均水位；

（4）河流常水位和枯水位时的流量、洪水位、洪水期和洪水泛滥的情况，厂址淹没的可能性；

（5）夏季最热 3 个月下午 1 点钟时的水温记录，结冰期、解冻期、冰层厚度和有无底层冰；

（6）目前的航运情况，如船只类型、频率、每年可以利用的航运月数和日数，航运价格等；

（7）水质的化学和卫生分析资料，用以判断能否作为生产和生活用水；

（8）水源上游 10~15km 和 1.5km 处的企业、居民点的数量及其排污情况，建立水

源时可能采取的安全措施;

（9）水源地上游和下游现有的水源构筑物位置及其用水情况,可能用来修建水源构筑物的具体位置及取水量。

2）湖水

（1）湖泊的位置、所在水系、年补给水量;

（2）湖泊的最高、最低、平均水位和水深;

（3）现有储水容量,已有取水设施、取水量及其发展规划,今后可供的水量;

（4）湖水水质情况。

3）水库

（1）水库位置、所在水系、控制流域面积、水库性质和运行方式;

（2）总库容、兴利库容、死库容,最高、正常和死水位,年径流量、补给量和可供水量;

（3）水质情况及水价。

2. 地下水水源

（1）地下水水层深度及厚度,取得水源地钻探的地质剖面资料;

（2）地下水流向、流速、水温及其波动范围;

（3）水质、侵蚀性及其他特性;

（4）扬水试验报告,包括枯水时出水量、动水位、静水位、影响半径和渗透系数;

（5）最近5~10年内地下水位升降记录,最高水位、最低水位及平均水位（以绝对标高表示）;

（6）判断本区域内是否适宜修建地下水源供水点;

（7）附近地区地下水源参考资料。

3. 城市自来水或附近工矿企业供水资料

（1）供水能力、可供水量,能否满足生产、生活及消防用水的需要;

（2）水质分析资料;

（3）本厂区最高、最低和平常水压标高;

（4）消防供水量及其水压标高;

（5）管道位置、管径、管材、管底和地面标高,允许接管点的位置;

（6）城市及其他工矿企业发展后,能否满足本厂发展的需要;

（7）供水价格。

4. 生活污水排入城市下水道

（1）城市下水道的容水能力,城建部门是否同意排入下水道;

（2）排水管道穿越城市地下设施的情况及可行性;

（3）如需对原有下水道干线进行改建、扩建,应收集新建排水系统和利用原有干线加以改建的技术经济比较资料;

（4）现有拟改建、扩建后利用的下水道管网系统和构筑物的潜在能力、修建年限及其他有关历史资料;

（5）污水排入干线区域内的排水系统发展远景或城市的排水系统修建规划;

（6）与城市管网相接的有关技术资料,如窨井位置、管道埋深、管径、管材、管底标高、充满度、管道坡度和地面标高等。

5. 消防用水

（1）厂区附近是否有消防机关，与工厂的距离，对工厂消防设施的要求；

（2）邻近企业的消防系统，能否协作。

1.4.6 原料、材料、燃料

1. 原料

根据实验室配方报告或半工业试验报告收集下列资料：

（1）黏土、长石、石英、白云石、石灰石、滑石等全部用于产品制备的各种原料和辅助原料的外观鉴定、化学成分和物理性能；

（2）各种原料的储量和开采情况，包括开采单位、开采方法，能否保证供应和矿藏能供应周期等；

（3）各种原料的质量是否稳定；

（4）各种原料的产地、售价、运输方法和每一段的运费；

（5）釉料、色料用的化工原料来源、质量、价格和运输等情况。

2. 辅助材料

（1）供应情况：包装材料（木箱、纸箱、泡沫材料等）、耐火材料（窑具及耐火棉等）、辅助材料的品种、规格、质量、供应地点、售价和运输价格等；

（2）协作情况：压砖用钢模、机修零配件、釉料、熔块和色料等的协作供应规格、质量、价格和运输价格等。

3. 燃料

1）供应情况：供应地点、数量、售价、运输方法和运输价格，燃料保证供应的程度和贮备量等。

2）燃料质量

（1）重油：元素组成、恩式黏度（100℃、90℃、80℃、70℃和50℃时）、闪点、凝固点、灰分、水分、硫分、机械杂质、残炭、重度和低热值；

（2）重柴油：恩式黏度（100℃、80℃和50℃时）、运动黏度（50℃）、残炭、灰分、硫分、水溶性酸和碱、机械杂质、水分、闪点、凝固点和低热值；

（3）轻柴油：恩式黏度（20℃）、运动黏度（20℃）、蒸余物残炭、灰分、硫分、水分、机械杂质、闪点、酸度、凝固点、水溶性酸和碱、实际胶质、腐蚀性和低热值；

（4）煤：元素分析、颗粒粒度、工业分析（水分、灰分、挥发分和硫分）、热值、机械强度、热稳定性和灰分熔点（变形温度、软化温度和熔化温度），如用于制造发生炉煤气，还应有气化试验报告；

（5）煤气：煤气成分、水分、发热量、温度、压力、管道位置、管径和标高；

（6）天然气：成分、水分、发热量、压力、管道位置、管径和标高。

1.4.7 动力供应

1. 供电

（1）附近电力系统的发电总装机容量、年发电量、发展装机规划、允许增加的用电容量及电量；

（2）附近输电线路或变电所的电压等级、供电容量、电源回路数、电路敷设方式、位置、与工厂的距离和新建的供电工程设施和费用；

（3）电网的频率和电压波动范围；

（4）最低功率因素要求、允许继电器的最大动作时间；

（5）电价和计费方式；

（6）备用电源的情况。

2. 其他动力

（1）对煤气、压缩空气和蒸汽可能供应的情况，质量、参数和供应量等；

（2）可能供给的热源位置、与工厂的距离，接管点坐标、标高、管径和价格。

1.4.8　通信

（1）厂址附近已有电话、电报、转播站和各种信号设备的装置情况，利用已有设备的可能性，引入厂区的距离及方向，线路铺设的方式；

（2）接线点至厂址的地形图。

1.4.9　厂区附近情况

（1）厂区内现有房屋、良田、种植物、坟墓、灌溉渠、道路和高压线等情况；

（2）邻近城镇的社会、经济、文化概况，生活区的规划和位置；

（3）当地的住房条件、主食种类、主要副食品种、文化教育、娱乐场所、商业设施、生活福利、医疗卫生和邮电交通等市政建设情况和发展远景；

（4）邻近企业的生产性质、规模、发展远景，与本企业在生产、生活等方面协作的可能性；

（5）当地农业生产概况，对本企业生产的有利因素和不利因素；

（6）当地居民参加工厂建设和生产的可能性。

1.4.10　施工条件

（1）附近有无施工场地、面积大小和位置；

（2）地方建筑材料如砖、瓦、砂、石、石灰、水泥和水泥制品以及新型建材等的生产、供应、距离和价格等；

（3）地方施工能力、人员配备、建筑机械数量、最大起重能力和预制构件等的制作能力；

（4）施工运输条件，如利用铁路、公路、水运及其他运输工具的条件及运价；

（5）施工劳动力的情况，通常包括文化程度、技术水平、工资及其生活安排；

（6）施工用水用电等的供应条件。

1.4.11　概算、预算

（1）建厂地区的建筑概算、预算定额，设备安装定额，材料价格和材料差价；

（2）当地的机械和电气产品目录和价格；

（3）当地的土地征购费，青苗、树木和菜园的赔偿费，坟墓的迁移费，房屋的拆迁费等。

1.4.12 技术经济

(1) 各种原料、材料和燃料的价格和运价；

(2) 水、电等的价格；

(3) 工人和技术人员、管理人员的平均工资、附加工资以及奖金水平；

(4) 当地类似工厂的综合折旧率、大修费率、固定资产留成比例、固定资产占用费的费率、流动资金数及利率；

(5) 当地工商税率和地方附加税率；

(6) 资金来源、利率和偿还年限的要求。

1.4.13 改建、扩建工程

(1) 现有工厂情况；

(2) 现有工厂总平面布置图，与改建扩建工程有关部分的现有车间工艺布置图（竣工图），建筑物、构筑物的施工图（竣工图）以及有关的技术资料；

(3) 现有工厂的电力电信、给水排水、采暖通风和蒸汽、压缩空气动力管线的布置图和施工图（竣工图），以及有关的技术资料。

1.4.14 协议及证明文件

(1) 同意建厂的证明——由主管单位及当地有关部门提供；

(2) 厂区及附近没有地下矿藏的证明——由地质局等提供；

(3) 厂区及附近没有古墓等地下文物的证明——由文化局等提供；

(4) 拨地、购地的协议——由城建局及有关单位提供；

(5) 同意水运、建立码头及选取水源地点的协议——由航运部门和卫生机关提供；

(6) 水源的卫生防护地带和允许取水的证明——由卫生机关提供；

(7) 城市供水协议——由自来水公司提供；

(8) 污水排入城市下水道或水体的协议——由城建部门、卫生机关提供；

(9) 电力电信供应协议——由电力局和邮电局提供；

(10) 原料、燃料供应协议——由有关机关单位提供；

(11) 与其他有关单位协作的协议——由城镇有关单位及企业提供；

(12) 建设地区地震烈度的证明——由地震部门提供。

2 总平面布置及运输设计

一个新建厂的总平面设计，是按上级批准的设计任务书，经选定厂址后进行的。总平面设计的内容是根据企业的生产性质、规模和生产工艺等要求，布置厂区内的建筑物和构筑物。按照原料进厂到成品出厂的整个生产工艺过程，经济合理地布置厂区内的建筑物和构筑物，搞好平面和竖向的关系，组织好厂内外交通运输等。要进行总平设计方案的比选，做到工艺流程合理、总体布置紧凑、投资节省、用地节约、留有发展余地，建成后能较快投产发挥投资效益，节省经营管理费用。

2.1 总平面设计的内容、程序、原则及要求

2.1.1 总平面设计的内容

1. 厂区平面布置

在满足生产要求的条件下，经济合理地进行厂区划分，以及各建筑物、构筑物及其他工程设施的平面布置及其间距确定等。

2. 厂内外运输系统的合理组织

涉及厂内外运输方式的选择，厂内运输系统的布置以及人流和货流组织等。

3. 厂区竖向布置

确定竖向布置方案，包括场地平整、厂区防洪和排水，选择所有建筑物、构筑物、堆场及各种管线、铁路和道路的标高。

4. 厂区工程管线综合

涉及地上、地下工程管线的综合铺设和埋置间距、深度等问题。

5. 厂区的绿化和美化

合理布置厂前区，选择合适的建筑物形式，组成完整的建筑群体，完善卫生防火条件，美化厂区面貌和环境，为工人创造良好的工作条件和休息场所。

2.1.2 总平面设计的程序

（1）根据工艺生产要求和生产规模确定各建筑物、构筑物和堆场的面积和形状；

（2）根据工厂生产过程和生产特点，根据总平面设计原则进行厂区的划分，并确定它们之间的位置关系；

（3）在以上各项基础上，绘制总平面布置图的多个设计方案；

（4）编制运输线路并确定竖向布置的方式和方法；

（5）进行方案的分析比选，选定经济合理的最佳方案；

（6）最终完成总平面布置图。

2.1.3　总平面设计的原则

（1）节约用地。尽可能少占或不占农田，少拆或不拆民房。

（2）满足生产工艺要求。生产作业线顺畅、连续、快捷，避免主要生产作业线交叉往返。

（3）结合厂址的地形、地质、水文及气象等条件，因地制宜进行总图布置。

（4）建筑物、构筑物间距必须满足防火、卫生、安全等要求，应将产生有害气体或粉尘的车间布置在厂区的下风向。

（5）满足交通运输要求。避免人流与货流的相互干扰。

（6）满足工程管线敷设的要求。厂区的管线除必须转弯外，应尽可能取直，埋放管线位置应放在建筑物和道路之间。

（7）要考虑将来改、扩建的可能，以便将来实现用少量的投资、不影响工厂的正常生产、不改变原有总平面的设计意图和不拆毁较大建筑物、构筑物的条件下，达到扩建、改建的目的。

（8）辅助车间及仓库应尽可能地靠近它所服务的主要车间。

（9）动力设施应尽量靠近负荷中心。

（10）工厂总平面图应有合理的艺术性，建筑物和构筑物应与周围的环境及建筑相匹配。适当美化和绿化，使工厂成为一个建筑艺术的整体。

2.1.4　总平面布置的要求

在总平面布置的工作中，为了满足各种要求并达到经济合理的目的，需要采取相应的措施。常采用的基本措施有以下几个方面：

1. 厂区的划分

合理规划厂区，可以节约用地，建立良好的建筑整体，保证必要的防火卫生要求，合理地组织人流和货流。陶瓷工厂的厂区可分为以下几个部分：

（1）主要生产区：放置陶瓷生产的主要车间，如原料、成型与烧成及机加工车间，是整个陶瓷工厂的生产中心，所以本区常布置于工厂场地的中央部分。一般要求场地较平坦，运输方便，还须满足防火、卫生要求。

（2）辅助生产区：放置辅助车间，如耐火材料、金工、木工车间等。布置辅助车间的方法有两种：一种是与主要生产区明显分离；另一种是根据要求，将辅助车间布置在主要生产车间的附近。后一种方式难以明显划分辅助生产区和主要生产区，但方便生产，如陶瓷辊棒的表面加工与涂浆车间。

（3）仓库、堆场区：要求有较大的面积作为各种原料、燃料、包装材料和废料等的堆存之用。本区的运输量很大，应该处于交通运输方便之处。一般仓库和堆场沿道路两旁进行布置，并靠近使用部门。

（4）动力区：由锅炉房、煤气站等组成。由于产生有害气体和消耗大量的燃料，排出大量废料，所以一般布置在厂区后部的一个独立区域，并考虑交通运输的方便。

（5）厂前区：为行政管理、技术研究、文化福利设施集中之处，对外、对内联系很密切，所以布置于工厂主要出入口的位置，形成工厂与外部的联系枢纽。

以上分区一般是对大、中型陶瓷工厂而言，小型工厂由于建筑项目少、工程设施简单，其布置原则虽然相同，但厂区划分上往往不太明显。

2. 满足生产工艺流程要求

工艺流程是工厂总平面布置的主要依据。生产线路组织的合理，不仅有利于生产，而且对节约建厂投资、节约用地，创造良好的生产管理条件，以及对环境保护等都起着重要的作用。因此，在进行工厂总平面布置时，首先应充分了解工厂的生产工艺流程，了解由哪些建筑物、构筑物组成，根据它们的生产特点和相互关系，综合厂内运输方式的布置及地形条件等，正确合理地布置建（构）筑物的相对位置，尽可能做到生产线路通顺短捷、运输简便、工程管线最短。在总平面布置时，应注意以下几点：

（1）生产联系密切或生产性质相类似的车间，应靠近集中布置；

（2）一般在厂区中心布置主要生产区，而将辅助车间布置在它的附近；

（3）运输量大的车间应布置在靠近主干道和货运出入口；

（4）有噪声车间应远离厂前区及生活区；

（5）动力设施应靠近负荷中心或使用量大的车间布置。

3. 合理组织人流、货流

工厂的生产线路是否合理，主要表现在运输线路组织是否合理。

厂址选择时已初步确定了工厂的运输方式，厂外线路的连接及厂内主要道路的走向。总平面布置则要进一步结合厂区划分建（构）筑物的布置情况以及地形、地貌的特点，合理地组织交通运输。运输设计应根据工厂生产的实际情况和建设特点，正确选择厂内运输方式和布置运输线路，尽量做到运距短，无交叉反复或少交叉反复，这对提高劳动生产率和降低产品成本关系很大。

厂内运输方式应根据货运特征、货物运输量、生产要求、场外运输方式及地形条件等因素，并结合装卸方式、运输设备的供应情况和技术性能条件，经技术经济分析比较而定。就工厂本身来说，应尽可能选择建设投资少、运费低、运输量大、运输迅速和灵活性较高的运输方式。

正确地组织人流、货流，对工厂进行正常生产、提高劳动生产率、降低事故率，便利工人的通行和货运的畅通等问题都起着很重要的作用，在设计中应认真妥善地解决这些问题。

4. 选择建筑形式

陶瓷工厂的厂房可分为两大类：单层厂房和多层厂房。多层厂房占地面积较小，可以缩短物料的运输线路；生产工序联系较紧密，可以按照生产工艺要求适当选用。

基于陶瓷墙地砖生产工艺的特点，半成品的强度较低，容易碰损，且生产自动化程度较高，主要生产车间目前多采用单层厂房。单层厂房又可以分为分离式和联合式两种。

分离式厂房是将一个车间或一个工段布置于一个建筑物中，整个工厂形成一组整齐的建筑行列群。分离式厂房的特点如下：

（1）通风采光良好，尤其在南方地区更显得突出；

（2）建筑结构简单，对施工技术的要求较低，扩建较容易和灵活；

（3）可以避免生产之间的相互影响和干扰；

（4）火灾不易蔓延，建筑标准较低。

但分离式厂房增加了工厂占地面积，增加了生产线和运输线路，对组织机械化连续生产有一定的困难，同时也增加了管道线路，浪费了宝贵的土地资源，增加了建设费用，一般墙地砖厂不采用。

为了缩短工艺生产线路，合理地组织运输，组织机械化连续生产，将陶瓷生产车间合并在一个厂房内，这就是联合式厂房。整个厂地上形成一片完整的大型建筑物和若干配置于大型建筑物附近的建筑物或构筑物。联合式厂房的特点如下：

（1）占地面积比分离式小，因为它不像分离式厂房那样，要留有很多建筑间距，故厂区的建筑系数可以提高；

（2）运输线路短，便于组织机械化连续生产线，也便于生产流水线的组合和联系；

（3）可大大缩短各种技术管道线路，节约建设和经营费用。

联合式厂房的缺点是：车间通风采光较差，车间之间容易互相影响，排热、排烟和粉尘扩散如控制不好，易使车间的卫生条件恶化。厂房建筑较复杂，建筑标准、建筑技术要求较高，防火条件不如单层分离式厂房好等。

以上两种建筑形式的厂房各有特点和要求，可以根据生产规模、生产性质、机械化程度、地区的气候条件、地形、地质条件、投资情况而全面考虑，通过技术经济分析比较确定。一般对于大型的陶瓷工厂，由于其产量大，要求机械化程度较高，常采用联合式厂房的形式。墙地砖工厂一般将成型与烧成车间、机加工车间布置在同一厂房内。

值得一提的是，联合式厂房最主要的特点在于建筑本身的灵活性，它不仅要能满足当前生产的要求，还应能充分适应未来生产的变革。即当工艺布置、生产流程、生产设备，甚至整个生产发生变化时，对厂房不必进行根本性的改建，只要略做调整就能继续使用，这对现代工业生产技术迅速发展变化的特点来说，具有特别重要的意义。

5. 总体布置紧凑，留有发展余地

在总图布置时，一定要在满足卫生、防火、安全等前提下，合理紧凑地布置厂区的建筑物、构筑物，减少堆场管线及道路的占地面积。

建筑物外形轮廓力求简单规整，凹凸不一的建筑物，使厂区土地面积浪费很大。不要在规整的建筑物外再连接一个小的建筑物，因为厂房之间的间距是按建筑物凸出的最边缘之间的距离进行计算的，以免形成不能利用的空地。

布置时应使建筑物的外墙位置沿道路方向，在平面图上形成一条直线，这样可以减少空地损失，提高建筑系数。

总平面布置时，应根据设计任务书的要求，合理地保留备用地，考虑以后发展的可能性。一般应采用近期布置集中，扩建向外围发展的方案。前期建设应尽量集中，以减少占地面积，后期用地不易早占，以利农业生产。

在设计实践中积累的很多宝贵经验，归纳起来有下列两点：

1）建筑物轮廓力求简单规整

建筑物外形轮廓的简单规整是总平面及车间设计达到经济合理的条件之一，不整齐的车间外形不仅会给总平面布置带来困难，同时也增加了管线的长度并浪费大量的土地。

车间平面外形的简化，可以保证建筑结构标准化，扩大车间有效面积，大大节省厂地面积。从图2-1（a）所示可看出建筑物外形不规整，使厂区面积损失的情况。由于厂区的道路网要求平直规整，因而凹凸不一的建筑物使厂区土地面积浪费很大，所形成的空地不能利用，甚至会成为垃圾堆放场地。

对于车间、变电所、工作间等应尽可能布置于厂房的内部，不要在规整的建筑物外再连接一个小的建筑物，造成厂地的损失。

2）沿建筑红线布置建筑物

布置时应使建筑物的外墙位置在平面图上形成一条直线，这条直线被命名为"建筑红线"。当违背建筑红线规则时，就会降低布置的紧凑程度。在同一区段中各建筑物的平面轮廓不按建筑红线布置，厂区用地浪费的情况见图2-1（b）。

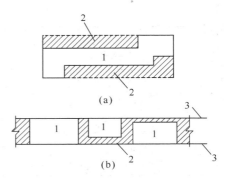

图 2-1　厂区面积损失示例
（a）建筑物不规整；（b）违背建筑红线规则
1—建筑物；2—面积损失区；3—建筑红线

6. 防火卫生要求

在总平面设计中按建筑设计防火规范和卫生标准要求，厂区的建筑物、构筑物等设施与居住区之间要保持必要的距离。这对于国家财产的安全和劳动人民的健康，以及为企业附近的居民创造良好的工作和生活条件，具有很大的意义。

防火规范和卫生标准所规定的建筑物、构筑物、仓库及其他设施之间的最小距离必须严格遵守，不得自行缩小。在决定厂区道路两侧之间的距离时，除按防火规范和卫生标准要求外，还要考虑机动车道、人行道的宽度，工程技术管网布置所需的宽度和绿化美化等要求。

1）防火要求

我国《建筑设计防火规范》（GB 50016—2014）规定了防止厂区和住宅区发生火灾蔓延的必要措施，在新建、改建工厂和住宅区时必须严格遵守。

建筑材料与其构件按其燃烧性能分为三类：非燃烧体、难燃烧体和燃烧体。建筑物按其各部分构件的燃烧性能和最低耐火极限而分为Ⅰ、Ⅱ、Ⅲ、Ⅳ、Ⅴ五级。生产的火灾危险性应根据生产中使用或产生的物质性质及其数量等因素划分，可分为甲、乙、丙、丁和戊五类。生产的火灾危险性分类见表2-1。

表 2-1　生产的火灾危险性分类

生产类别	火灾危险性特征
甲	使用或产生下列物质的生产： 1. 闪点小于28℃的液体； 2. 爆炸下限小于10%的气体； 3. 常温下能自行分解或在空气中氧化即能导致迅速自燃或爆炸的物质； 4. 常温下受到水或空气中水蒸气的作用，能产生可燃气体并引起燃烧或爆炸的物质； 5. 遇酸、受热、撞击、摩擦、催化以及遇有机物质或硫黄等易燃的无机物，极易引起燃烧或爆炸的强氧化剂； 6. 受撞击、摩擦或与氧化剂、有机物接触时能引起燃烧或爆炸的物质； 7. 在密闭设备内操作温度等于或超过物质本身自燃点的生产
乙	使用或产生下列物质的生产： 1. 闪点大于或等于28℃，小于60℃的液体； 2. 爆炸下限大于或等于10%的气体； 3. 不属于甲类的氧化剂； 4. 不属于甲类的化学易燃危险固体； 5. 助燃气体； 6. 能与空气形成爆炸性混合物的浮游状态的粉尘、纤维、闪点大于或等于60℃的液体雾滴

生产类别	火灾危险性特征
丙	使用或产生下列物质的生产： 1. 闪点大于或等于 60℃ 的液体； 2. 可燃固体
丁	具有下列情况的生产： 1. 对非燃烧物质进行加工，并在高热或融化状态下经常产生强辐射热、火花或火焰的生产； 2. 利用气体、液体、固体作为燃料或将气体、液体进行燃烧作其他用的各种生产； 3. 常温下使用或加工难燃烧物质的生产
戊	常温下使用或加工非燃烧物质的生产

注：同一座厂房或厂房的任一防火分区内有不同火灾危险性生产时，厂房或防火分区内的生产火灾危险性类别应按火灾危险性较大的部分确定；当生产过程中使用或产生易燃、可燃物的量较少，不足以构成爆炸或火灾危险时，可按实际情况确定；当符合下述条件之一时，可按火灾危险性较小的部分确定：

① 火灾危险性较大的生产部分占本层或本防火分区建筑面积的比例小于 5% 或丁、戊类厂房内的油漆工段小于 10%，且发生火灾事故时不足以蔓延至其他部位或火灾危险性较大的生产部分采取了有效的防火措施；

② 丁、戊类厂房内的油漆工段，当采用封闭喷漆工艺，封闭喷漆空间内保持负压、油漆工段设置可燃气体探测报警系统或自动抑爆系统，且油漆工段占所在防火分区建筑面积的比例不大于 20%。

厂房的层数和每个防火分区的最大允许建筑面积应符合表 2-2 的规定。

表 2-2　厂房的层数和每个防火分区的最大允许建筑面积

生产的火灾危险性类别	厂房的耐火等级	最多允许层数	每个防火分区的最大允许建筑面积（m²）			
			单层厂房	多层厂房	高层厂房	地下或半地下厂房（包括地下或半地下室）
甲	一级	宜采用单层	4000	3000	—	—
	二级		3000	2000	—	—
乙	一级	不限	5000	4000	2000	—
	二级	6	4000	3000	1500	—
丙	一级	不限	不限	6000	3000	500
	二级	不限	8000	4000	2000	500
	三级	2	3000	2000	—	—
丁	一、二级	不限	不限	不限	4000	1000
	三级	3	4000	2000	—	—
	四级	1	1000	—	—	—
戊	一、二级	不限	不限	不限	6000	1000
	三级	3	5000	3000	—	—
	四级	1	1500	—	—	—

注：① 防火分区之间应采用防火墙分隔。除甲类厂房外的一、二级耐火等级厂房，当其防火分区的建筑面积大于本表规定，且设置防火墙确有困难时，可采用防火卷帘或防火分隔水幕分隔。采用防火卷帘时，应符合《建筑设计防火规范》(GB 50016—2014)第 6.5.3 条的规定；采用防火分隔水幕时，应符合现行国家标准《自动喷水灭火系统设计规范》(GB 50084)的规定。

② 厂房内的操作平台、检修平台，当使用人数少于 10 人时，平台的面积可不计入所在防火分区的建筑面积内。

③ "—"表示不允许。

厂房之间的防火间距不应小于表 2-3 的规定。

表 2-3　厂房之间的防火间距　　　　　　　　　　　　　　　　　　　　（m）

名称			甲类厂房	乙类厂房(仓库)			丙、丁、戊类厂房(仓库)				民用建筑				
			单、多层	单、多层		高层	单、多层			高层	裙房，单、多层			高层	
			一、二级	一、二级	三级	一、二级	一、二级	三级	四级	一、二级	一、二级	三级	四级	一类	二类
甲类厂房	单、多层	一、二级	12	12	14	13	12	14	16	13	25			50	
乙类厂房(仓库)	单、多层	一、二级	12	10	12	13	10	12	14	13	25			50	
		三级	14	12	14	15	12	14	16	15					
	高层	一、二级	13	13	15	13	13	15	17	13					
丙类厂房(仓库)	单、多层	一、二级	12	10	12	13	10	12	14	13	10	12	14	20	15
		三级	14	12	14	15	12	14	16	15	12	14	16	25	20
		四级	16	14	16	17	14	16	18	17	14	16	18	25	20
	高层	一、二级	13	13	15	13	13	15	17	13	13	15	17	20	15
丁、戊类厂房(仓库)	单、多层	一、二级	12	10	12	13	10	12	14	13	10	12	14	15	13
		三级	14	12	14	15	12	14	16	15	12	14	16	18	15
		四级	16	14	16	17	14	16	18	17	14	16	18	18	15
	高层	一、二级	13	13	15	13	13	15	17	13	13	15	17	15	13
室外变、配电站	变压器总油量(t)	≥5,≤10	25	25	25	25	12	15	20	12	15	20	25	20	
		>10,≤50					15	20	25	15	20	25	30	25	
		>50					20	25	30	20	25	30	35	30	

注：① 防火间距应按相邻建筑物外墙的最近距离计算，如外墙有凸出的燃烧构件，则应从其凸出部分外缘算起（以后有关条文均同此规定）。

② 乙类厂房与重要公共建筑的防火间距不宜小于 50m；与明火或散发火花地点，不宜小于 30m。单、多层戊类厂房之间及与戊类仓库的防火间距可按本表的规定减少 2m。为丙、丁、戊类厂房服务而单独设置的生活用房应按民用建筑确定，与所属厂房的防火间距不应小于 6m。确需相邻布置时，应符合本表注②、③的规定。

③ 两座厂房相邻较高一面外墙为防火墙，或相邻两座高度相同的一、二级耐火等级建筑中相邻任一侧外墙为防火墙且屋顶的耐火极限不低于 1.00h 时，其防火间距不限，但甲类厂房之间不应小于 4m。两座丙、丁、戊类厂房相邻两面外墙均为不燃性墙体，当无外露的可燃性屋檐，每面外墙上的门、窗、洞口面积之和各不大于外墙面积的 5%，且门、窗、洞口不正对开设时，其防火间距可按本表的规定减少 25%。

④ 两座一、二级耐火等级的厂房，当相邻较低一面外墙为防火墙且较低一座厂房的屋顶无天窗，屋顶的耐火极限不低于 1.00h，或相邻较高一面外墙的门、窗等开口部位设置甲级防火门、窗或防火分隔水幕，但甲、乙类厂房之间的防火间距不应小于 6m；丙、丁、戊类厂房之间的防火间距不应小于 4m。

⑤ 防火分隔部位设置防火卷帘时，除中庭外，当防火分隔部位的宽度不大于 30m 时，防火卷帘的宽度不应大于 10m；当防火分隔部位的宽度大于 30m 时，防火卷帘的宽度不应大于该部位宽度的 1/3，且不应大于 20m；防火卷帘应具有火灾时靠自重自动关闭功能；需在火灾时自动降落的防火卷帘，应具有信号反馈的功能。

⑥ 发电厂内的主变压器，其油量可按单台确定。

⑦ 耐火等级低于四级的既有厂房，其耐火等级可按四级确定。

⑧ 当丙、丁、戊类厂房与丙、丁、戊类仓库相邻时，应符合本表注②、③的规定。

甲、乙、丙类液体的储罐（区）和乙、丙类液体的桶罐堆场与其他建筑物的防火间距不应小于表 2-4 的规定，而桶装、瓶装甲类液体不应露天布置。

表 2-4　甲、乙、丙类液体的储罐（区）和乙、丙类液体的桶罐堆场与其他建筑的防火间距

名称	一个罐区或堆场的总容量 V(m³)	建筑物				室外变、配电站
		一、二级		三级	四级	
		高层民用建筑	裙房、其他建筑			
甲、乙类液体储罐(区)	1≤V<50	40	12	15	20	30
	50≤V<200	50	15	20	25	35
	200≤V<1000	60	20	25	30	40
	1000≤V<5000	70	25	30	40	50
丙类液体储罐(区)	5≤V<250	40	12	15	20	24
	250≤V<1000	50	15	20	25	28
	1000≤V<5000	60	20	25	30	32
	5000≤V<25000	70	25	30	40	40

注：① 当甲、乙类液体储罐和丙类液体储罐布置在同一储罐区时，罐区的总容量可按 1m³ 甲、乙类液体相当于 5m³ 丙类液体折算。

② 储罐防火堤外侧基脚线至相邻建筑的距离不应小于 10m。

③ 甲、乙、丙类液体的固定顶储罐区或半露天堆场，乙、丙类液体桶装堆场与甲类厂房（仓库）、民用建筑的防火间距，应按本表的规定增加 25%，且甲、乙类液体的固定顶储罐区或半露天堆场，乙、丙类液体桶装堆场与甲类厂房（仓库）、裙房、单、多层民用建筑的防火间距不应小于 25m，与明火或散发火花地点的防火间距按本表有关四级耐火等级建筑物的规定增加 25%。

④ 浮顶储罐区或闪点大于 120℃ 的液体储罐区与其他建筑的防火间距，可按本表的规定减少 25%。

⑤ 当数个储罐区布置在同一库区内时，储罐区之间的防火间距不应小于本表相应容量的储罐区与四级耐火等级建筑物防火间距的较大值。

⑥ 直埋地下的甲、乙、丙类液体卧式罐，当单罐容量不大于 50m³，总容量不大于 200m³ 时，与建筑物的防火间距可按本表规定减少 50%。

⑦ 室外变、配电站指电力系统电压为 35～500kV 且每台变压器容量不小于 10MVA 的室外变、配电站和工业企业的变压器总油量大于 5t 的室外降压变电站。

易燃、可燃材料的露天、半露天堆场与建筑物的防火间距不应小于表 2-5 的规定。

表 2-5　易燃、可燃材料的露天、半露天堆场与建筑物的防火间距

名称	一个堆场的总储量	耐火等级		
		一、二级	三级	四级
		防火间距(m)		
稻草、麦秸、芦苇等易燃烧材料(t)	10～5000	15	20	25
	5001～10000	20	25	30
	10001～20000	25	30	40
木材等可燃材料(m³)	50～1000	10	15	20
	1001～10000	15	20	25
	10001～25000	20	25	30

名称	一个堆场的总储量	耐火等级		
		一、二级	三级	四级
		防火间距(m)		
煤和焦炭(t)	100~5000	6	8	10
	>5000	8	10	12

注：① 一个堆场的总储量如超过本表的规定，宜分设堆场，堆场之间的防火间距，不应小于较大堆场与四级建筑的间距。

② 不同性质物品堆场之间的防火间距，不应小于本表相应储量堆场与四级建筑间距的较大值。

③ 易燃材料露天、半露天堆场与甲类生产厂房、甲类物品库房以及民用建筑的防火间距，应按本表的规定增加25%，且不应小于25m。

④ 易燃材料露天、半露天堆场与明火或散发火花地点的防火间距，应按本表四级建筑的规定增加25%。

⑤ 易燃、可燃材料堆场与甲、乙、丙类液体储罐的防火间距，不应小于本表和表2-4中相应储量堆场与四级建筑间距的较大值。

2）卫生标准要求

工业企业总平面建筑物和构筑物的布置应遵照国家卫生标准的规定，厂区内的排水、日照、自然通风等方面都应满足卫生要求。

建筑物应按采光和主导风向进行适当的布置，产生有害气体和粉尘的车间应布置于厂区的下风方位，主导风向用风玫瑰图表示。

风玫瑰图（图2-2）是根据当地气象观察部门制定的风频率（即在全年中风向所占的百分比）按比例绘成的。有时也用类似方法绘制出风速玫瑰图。如该地区主导风向随季节而变化，则以夏季风向图为主，因为在夏季生产中门窗打开，有害物影响最大。为了减少生产中烟尘对居住区的影响，厂区位置应在居住区的下风方位，与居住区保持一定的距离并进行绿化。厂区的建筑物应有良好的自然通风条件。布置矩形厂房时应使主导风向与厂房纵轴垂直或小于或等于45°角 [图2-3（a）]。L形厂房最好吹向拐角 [图2-3（b）]。冂形厂房，主导风向应吹向缺口，并与其纵轴平行或小于或等于45°角。如果受条件限制，只能背向缺口时，则在缺口处应留有通风口 [图2-3（c）、（d）]。

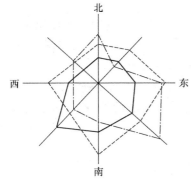

图2-2　风玫瑰图

——— 全年风频率；— — — 夏季风频率；
— — — — — 风速频率

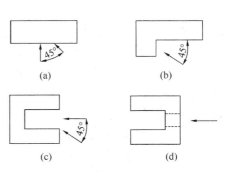

图2-3　厂房与主导风向的关系

（a）矩形厂房；（b）L形厂房；
（c）冂形厂房；（d）冂形厂房

我国某些地区夏季太阳辐射热很大，为了尽量避免直射阳光进入厂房产生过热现象，厂房的方位最好是南北向，尤其是成型、焙烧车间更应注意。

建筑物之间的卫生间距应符合下列规定：如果高厂房位于太阳照射或主导风向一侧时，当屋槽宽度 a 值大于 3m 时，两建筑物之间的距离应该是两建筑物屋檐高度之和的一半，即 $K \geqslant 1/2(H+h)$；当 a 值小于 3m 时，两建筑物之间的距离是天窗屋檐高度与其对面建筑物屋檐高度之和的一半，即 $K \geqslant 1/2(H_1+h)$。如图 2-4 所示。

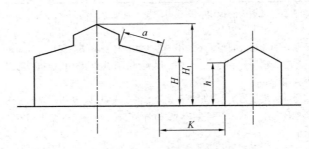

图 2-4　两座建筑物之间的卫生间距

2.2　建筑陶瓷工厂的组成及总平面布置

生产中原料、材料、半成品、成品的流动线路是根据生产工艺的要求来决定的。下面将介绍陶瓷墙地砖工厂各生产部分的组成和在总平面布置上的要求与布置方式。

2.2.1　工厂的组成

1. 主要生产车间

主要生产车间指从原料的进场堆放、浆料的制备开始，至生产出合格的陶瓷制品为止。它包括：

（1）原料堆场：包括原料储存、精选加工、混料、均料；

（2）原料车间：配料、球磨、过筛除铁、泥浆陈腐和喷雾造粒等工序，生产出合格的半干压粉料和陶瓷釉浆；

（3）成型与烧成车间：陶瓷墙地砖多采用半干压成型工艺，成型设备压机成熟稳定，且与坯体干燥、表面装饰、烧成等工序实现了自动化连接，所以在行业中通常将成型与烧成合并为一个生产车间，该车间目标是生产出合格的墙地砖毛坯；

（4）机加工与包装车间：依据不同产品的要求对陶瓷墙地砖毛坯进行表面加工（包括半抛和全抛加工）、磨边、倒角等加工，清洗烘干后进行表面防污处理，经过产品检选后送入包装工序。

2. 辅助及修理车间

辅助及修理车间是为主要生产车间服务的车间。如中心实验室与试制工场、辊棒加工车间、污水处理站、工模夹具车间、机修车间、金工车间等。

3. 生产服务设施

（1）动力设施：供应工厂电力、热力、煤气、蒸汽、压缩空气及其他动力的设施，如变电站、电力站、锅炉房、煤气发生站及压缩空气站等；

（2）运输设施：将原料、材料和燃料等运入厂内，将成品、废料等运出厂外，以及从堆场（或仓库）到车间之间的运输设施，如水路、铁路、公路、机车库、水运码头、汽车库、电瓶车库和其他各种特殊运输设施；

（3）给排水设施：全厂和各车间供排水及其冷却、净化等设施，如水塔、水泵房、冷却水塔、沉淀池等；

（4）工程技术管网：动力和供排水等设施的管网，如电缆、煤气、热力、空气和上下水的管道等；

（5）堆场及仓库：贮存原料、燃料、辅助材料、半成品及废料等设施，如各种原料堆场、仓库、贮煤场、贮油罐、总材料库、金属材料库、铸件堆场、成品库、半成品库、半成品堆场、废料堆场、木材堆场、易燃材料及危险品库等；

（6）行政管理和生活福利设施：供行政管理及职工生活福利所用之设施，如行政办公楼、收发室、警卫室、食堂、医疗所、礼堂、文化馆、阅览室和生活室等；

（7）绿化及美化设施：为职工创造良好的工作条件和休息场所的设施，如绿化区、亭台、喷水池、雕塑及宣传橱窗等。

2.2.2　总平面布置与生产工艺的关系

生产工艺流程是总平面设计中最根本的设计依据之一，工厂总平面布置必须充分满足生产工艺要求。要保证生产过程的连续性，保证生产流水线能顺利运行，线路最短而且无交叉和往返现象。

合理地组织生产线路，不仅有利于生产和运输，而且对于节省建厂投资，创造良好的经营和卫生保健条件，也起着重要作用。在总平面设计中，还要满足卫生、防火、劳动保护和技术安全方面的要求，并应和土建、交通运输、动力设施等设计密切配合。

生产中原料、材料、半成品、成品的流动线路是根据生产工艺的要求来决定的。图2-5为某仿古砖工厂生产工艺流程图。

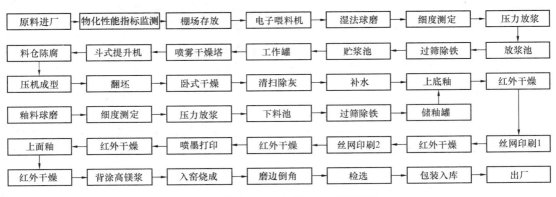

图 2-5　某仿古砖工厂生产工艺流程图

下面介绍陶瓷工厂各生产车间的工艺特点和在总平面布置上的要求与布置方式。

1. 主要生产车间

1）原料车间

本车间主要任务是将进厂的陶瓷原料进行加工而制备出合格的釉浆和半干压成型粉料。

原料车间要求布置在靠近公路入口处。为了保证工厂生产的连续性，原料需要一定的储备量。车间附近要有宽大的场地，设置原料仓库和露天堆场。

车间生产出的粉料供成型车间使用，故必须尽量靠近成型车间，这样可以缩短运输距离，同时也便于成型车间的余粉及废坯回收。

在近丘陵或厂区起伏的地形上布置时可以将原料仓库、球磨、喷雾造粒部分与成型烧成车间建于两个不同标高的阶梯形场地上。

本车间产生较大量的泥浆废水，在车间附近应该考虑有处理废水的沉淀池，做到排水方便。车间消耗的水、电和压缩空气量较大，应考虑靠近水源、变电站和空气压缩站。

2）成型与烧成车间

本车间主要任务是将原料车间送来的粉料进行成型加工，经坯体干燥后进行表面装饰而成为合格坯体，再由辊道窑烧成得到合格的陶瓷砖毛坯。车间面积较大，车间内的半成品运输量大，要求地势平坦。

成型与烧成车间是陶瓷墙地砖工厂自动化程度最高的生产部分，从压机成型、翻坯、干燥、扫灰、喷釉、淋釉、丝网印刷、喷墨打印等表面装饰到烧成工序实现了全过程的自动化生产，生产工人较少，对设备的维护与自动化控制要求较高。干燥与烧成工序均采用辊道式窑炉。其中，干燥工序为了节省占地可采用双层或多层干燥窑，但通常多为单层窑炉。该车间是个高温车间，布置时应该考虑通风问题，可采用机械排风。车间在生产中产生大量的热空气，甚至会有烟气和其他有害气体及粉尘，需要设置烟气处理和降尘设施。

该车间是建筑陶瓷工厂的主要车间，常布置于工厂的中心部分。

3）机加工与包装车间

陶瓷墙地砖因产品品种的不同需要进行表面或端面的加工，墙地砖产品的机加工包括磨边、倒角与表面抛光。主要生产设备为磨边线、抛光线及产品打包机。

由于该车间也是流水线式生产，通常与成型和烧成车间置于同一联合厂房内，便于各生产线的平行布置，达到生产便捷和节省占地面积的目的。

该车间废水排放量很大，应就近布置废水处理设施。

2. 辅助生产车间

1）中心实验室及试制工场

中心实验室的主要任务是原料的物理化学指标检验分析、生产过程各工艺参数的检测、成品半成品的性能检验、陶瓷的配方试验、科学研究和新产品试制等。一般包括物理试验、化学试验、热工计量检定和陶瓷试制工场等。可以布置在厂前区且尽量靠近生产区，有时将试制工场布置于生产区之内。

中心实验室的周围环境应安静、清洁。为使精密仪器不受灰尘之害，应布置于烟囱、原料粉碎和原料堆场的上风侧，并保持一定的距离。在其附近进行适当的绿化，要与铁路及振动较大的车间或设备如球磨机、成型压机等保持一定的距离，以免精密仪器受到振动。

2）辊棒加工车间

主要是辊棒表面保护浆料的涂覆，以及对更换下来的旧辊棒进行表面粘连"火刺"的打磨等相关辊棒加工工作。

3）污水处理站

陶瓷墙地砖工厂的污水主要来源有生产车间冲洗地面、机加工车间产生污水、厂区地面雨水三个方面。以上污水集中到污水处理站，根据污水性质加入絮凝剂进行沉淀，沉淀所得污泥进行理化性能检测、榨泥后部分投入原料车间使用，处理后的清水可用于清洗车间地面及部分设备，目前墙地砖工厂污水已实现零排放。

4）金工车间

金工车间的主要任务是进行简易的机械设备维修。该车间生产时会产生大量的铁屑，它对陶瓷产品质量不利，故不宜靠近原料堆场，以防铁质混入陶瓷原料中。

3. 动力设施

1）锅炉房与煤气站

锅炉房主要供给全厂生产和生活用蒸汽。锅炉房应该布置在靠近蒸汽用量较多的车间，以缩短热力管网长度，减少蒸汽压力下降。锅炉房用煤量较大，附近应该考虑布置较大面积的煤堆场和灰堆场，且要考虑运输方便，还应尽量布置在厂区较低的地区以便于回水。锅炉房应布置在厂区下风向，以减少烟囱灰尘的污染。

煤气站供应热工设备所需的煤气。陶瓷工厂常采用冷煤气，特点是从发生炉出来的煤气经过冷却和清洗，除去了灰粉和焦油。煤气站应该布置于靠近消耗煤气最大的烧成车间，以保证煤气管路最短。当工厂采用热煤气时因为所生产的煤气只经过粗略的除灰，同时还要保持较高温度，不能利用排送机增高压力，因此更要尽量靠近用户，管道长度不宜大于35m。煤气站与锅炉房对燃料的供应、运输与灰渣的排除有共同的要求。锅炉房还可以燃烧煤气站筛出的煤屑，因此将锅炉房与煤气站的布置统一考虑与安排是经济而合理的。

锅炉房和煤气站一般应配置在厂后区，这样对燃料的运输、堆存及灰渣的运出都较便利。同时因为煤气站较脏，构筑物较多，放在工厂的前部有碍美观。此外，由于它们常放出大量有害气体和灰尘，所以要布置在工厂的下风向，以免恶化厂区卫生条件。

采用皮带运输机运煤时由于皮带提升角度一般小于17°~18°，因此水平长度较长；而采用斗式提升机运输煤时，从煤堆场到煤气站和锅炉房之间的距离则较短，这在总平面布置时要予以考虑。

现在有的厂不自制煤气，而外购燃气，因此要设置燃气调压站。

2）变电所和配电房

厂内变电构筑物分为三类：主降压变电所、配电站和车间变电所。

主降压变电所的任务是将厂外输送进来的高压电源降低为6~10kV，分送到配电站，再降压到220~380V，分送到各车间。当进厂的电压为35~110kV时，通常建露天配电装置，电压为10kV以下时可建室内配电装置。变电所应成为一个独立区域，四周修筑围墙，增加安全设施。变电所地区应有消防和运输道路，以供变压器的安装、修理和防火。变电所的位置应考虑电源进线方便和靠近负荷中心，使线路较短，能有效地输送电源。

有露天变电设施时应布置于原料、燃料和废料堆场的上风侧，并保持一定的距离，以免灰尘的影响。一般堆场在露天变电所的下风位时，其距离应为 60～80m，上风位时为 100～120m。露天变电装置的围栅距地上油池的间距不得小于 20m。

当进厂电压为 6～10kV 时，则厂内可以只设立配电站；将电压降到 220～380V，分送到各车间去。

配电站为室内建筑时可独立建筑，也可附设于车间建筑物内。建筑物可以是丁类、戊类火灾危险性厂房，但不允许木结构。为了供电方便，车间变电所常设在车间之内，同时也避免在大建筑物外再加小建筑物。

4. 仓库设施

1）材料库

材料库用来存放生产备件、配件、五金器材、电工材料、工具、福利劳保和办公用品以及其他生产上所用的材料。总材料库存放的材料杂而多，供应面向全厂，故在布置时应该考虑靠近道路进厂处，并便于与全厂各车间联系。

2）油库和危险品库

油库和危险品库用来储存生产用变压器油、煤油、汽油和化学危险品等。属于易燃危险仓库，故应布置在工厂的边缘，用围墙围成一个独立区。常布置于低洼区，油库周围留出不小于 10m 的空旷地带，该地带内不得放任何材料。附近若有高压线，则高压线路距油库边缘不得小于高压输电线架高度的 1.5 倍。

3）成品库和半成品库

成品库主要用来堆放已经包装好的合格产品，准备运出工厂。陶瓷墙地砖常用纸箱、木架托和泡沫等包装材料，所以仓库应靠近包装工段。陶瓷成品和半成品易于破损，堆放时不宜堆叠，所以应该有较大的堆放场地。经过包装后的制品堆放高度一般也不宜超过 2m。

4）废料堆场

废料堆场用来堆放废砖、废辊棒、煤灰等生产废物。废料堆场在工厂生产中应给予应有的重视，要留有适当的面积，否则会影响工厂的环境卫生，甚至阻碍生产的正常进行。废料堆场常布置于工厂的厂后区。

5. 行政管理和生活福利设施

1）厂部办公部门

厂部办公部门常由厂部行政管理机构和工程技术部门组成，可布置于厂前区的中心地区，以便于对内管理和对外联系。

厂部办公部门应该在有害气体和生产粉尘车间的上风侧，并与铁路和有噪声、振动的车间有适当的距离。

在厂部办公部门的建筑物周围应该进行较好的绿化美化，建筑物要经过一定的艺术处理，使之满足城市规划的要求并和市区的建筑物相协调。

2）食堂、哺乳室

食堂、哺乳室等布置于厂前区，用围墙与厂区隔开成一独立部分。食堂应布置在靠近人数较多的车间和靠近全厂工人上下班的主要入口处。

食堂、哺乳室区域应该进行很好的绿化美化，并位于全厂的上风侧。

3）消防

消防机构包括消防队和消防车。对大型陶瓷厂可设消防车一部或两部，一般布置在厂区与生活区之间的防护区内。消防车不能和汽车合用一个车库，以免影响消防出车的速度。若是混合在一起，应有两个出车门并将汽车道和消防道分开。

消防车库前应有一个广场供消防人员训练用。消防人员宿舍应和消防车靠近。

2.3 建筑陶瓷工厂的竖向布置

竖向布置是对陶瓷厂区的天然地形进行改造，使之适合企业的建设和生产经营要求，并确定建设场地上的高程（标高）关系。工厂总平面布置要充分利用自然地形，因地制宜地将场地上自然起伏的地形加以适当改造，使之满足各建（构）筑物之间的生产运输要求，并合理地组织场地排水。在整平场地时，应充分注意厂内外标高的衔接，并力求减少土石方工程量，缩短工期，节省投资。

2.3.1 竖向布置的任务

（1）选择厂区竖向布置方式，合理确定标高，力求减少土石方工程量，并满足工厂的生产和交通运输要求；

（2）确定建筑物、构筑物、露天仓库的地坪标高，以及道路、排水、构筑物的标高，并使它们相互衔接；

（3）拟订厂区排水方式，保证地面雨水顺利排出，不使厂区积水和被水淹；

（4）计算土石方工程量和场地土方平整方案，选定弃土或取土的场地；

（5）合理确定厂区场地内由于挖填方而必须建造的工程构筑物（护坡、挡土墙）和排水构筑物（散水坡、排水沟）。

2.3.2 竖向布置的方式

竖向布置有连续式、重点式和混合式三种方式。

1. 连续式竖向布置

这种方式是将整个厂区的地面进行全面平整，如图 2-6 所示。其适用于厂区建筑密度大、建筑系数大于 25％、地下管线较复杂、有密集的铁路或道路、厂区面积不大、地形比较平坦的工厂。

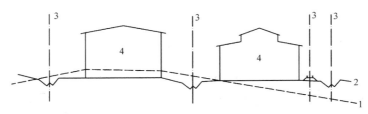

图 2-6 连续式竖向布置

1—自然地面；2—整平地面；3—道路中心；4—厂房

2. 重点式竖向布置

这种布置方式只是平整建筑物、构筑物及其他工程有关地段和为了排水所必须整平的区域。厂区的其余部分仍保留自然地形，如图 2-7 所示。采用重点式竖向布置的厂区上，道路一般为郊区型且有明沟排水。这种布置方式一般适用于厂区建筑密度不大、建筑系数小于 15%、运输线路及管线较简单且自然地形起伏较大的工厂。

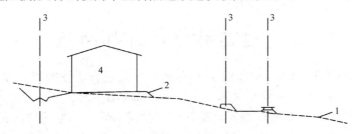

图 2-7 重点式竖向布置

1—自然地面；2—整平地面；3—道路中心；4—厂房

3. 混合式竖向布置（又称区段式竖向布置）

在整个厂区内预先按地段分出连续和重点两种布置方式。这种竖向布置方式可以在大、中型陶瓷工厂中采用，一般将露天堆场、原料仓库和球磨工序所占的地区采用重点式竖向布置，而对成型、烧成和厂前区部分采用连续式竖向布置。

厂址的地质构造对竖向布置方式有很大影响。在有岩石类土壤的厂区，土石方工程费用很高，这时采用重点式竖向布置，用明沟排水是合理的。当地下水很高时，不允许采用明沟排水，同时要设法提高建筑物的地坪标高以及公路标高。如采用重点式竖向布置，低洼地段未能进行填补，将变成沼地，从而使厂区环境卫生恶化。

2.3.3 地面的连接方法

工业企业设计地面，一般具有若干个与平面成倾角的整平面，各整平面的连接方法主要有以下两种：

1. 平坡法

平坡法是将设计地形整平为向一个方向或几个方向倾斜的整平面。在各个主要平面连接处，设计坡度与设计标高没有急剧的变化。如图 2-8 所示，此法一般适用于厂区较宽和自然地形坡度不大于 2% 的地面。当厂区宽度很小时，自然地形坡度虽然达到 3%~4%，也可采用平坡法。

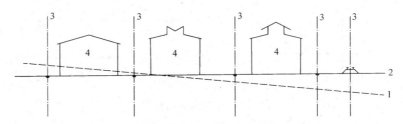

图 2-8 平坡法竖向布置

1—自然地面；2—整平地面；3—道路中心；4—厂房

2. 阶梯法

两个连接的整平面高差较大，整平面的连接处采用陡坡式挡土墙，这种方法称为阶梯法，如图 2-9 所示。一般厂区自然地形坡度大于 4‰，车间之间高差 1.5～4m 时采用阶梯法。当厂区宽度超过 500m，自然地形坡度大于 2‰ 时，也可考虑采用此法。特别是在山区坡地建厂时，采用此法较多。它的主要优点是可以节省土石方工程量。

采用阶梯式布置方法时，阶地的最小宽度要根据建筑物本身和为其服务的道路、管线等所要求的宽度来决定。阶梯法竖向布置使得平面布置、运输线路和管线系统复杂化，因此，在陶瓷工厂中若是自然地形条件可以采用平坡法时，最好不要采用阶梯法竖向布置。当必须采用阶梯法竖向布置时，可以根据自然地形的具体条件，在设计中结合工艺的要求进行布置，能收到较好的效果。例如，可以利用挡土墙作建筑物的外墙，以节约投资。如果利用阶梯形的高差来自行卸货，挡土墙就成为料仓的一部分，图 2-10 所示为沿阶梯形边沿修筑的原料仓库。运送货物的道路铺设在阶梯上，不但减少了挖、填方，增加了仓库的容量，还达到了自行卸料的目的。图 2-11（a）表示利用阶梯的高差配置设立站台的仓库，这时阶地的高差不宜超过 1.2m。图 2-11（b）表示利用阶梯地形建设锅炉房，方便了进煤和出渣。从图 2-12 可以明显地看出，利用阶梯地形能大大缩短皮带运输机的长度。

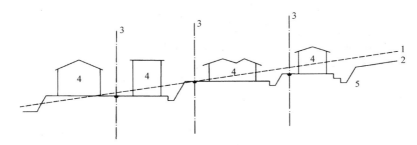

图 2-9　阶梯法竖向布置
1—自然地面；2—整平地面；3—道路中心；4—厂房；5—挡水沟

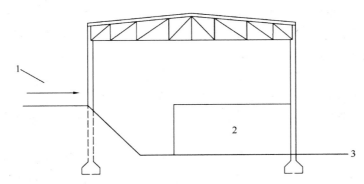

图 2-10　利用坡地修建原料库
1—汽运原料进口；2—料仓；3—地面

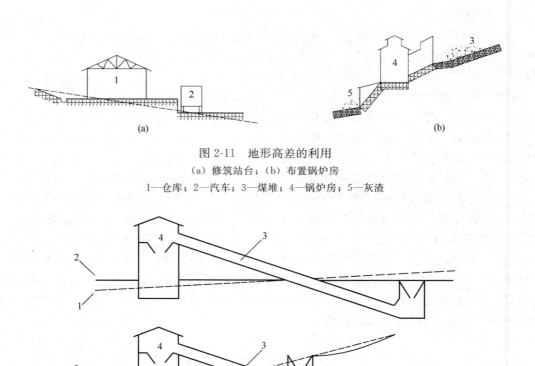

图 2-11　地形高差的利用
（a）修筑站台；（b）布置锅炉房
1—仓库；2—汽车；3—煤堆；4—锅炉房；5—灰渣

图 2-12　利用坡地缩短运输距离
1—原有地面；2—平整地面；3—皮带运输机栈桥；4—仓库

3. 竖向标高的选择

竖向布置设计中选择标高的根据是所采用的竖向布置方式、主要整平面的连接方法以及竖向布置所涉及的其他各种因素，例如建筑物和构筑物的地坪标高、城市干道标高、交通运输的联系条件和附近地段的整平情况等。厂区道路的标高要与国家铁路和附近公路的标高相适应，与厂内建筑物、构筑物及其他设施的标高相协调。还要满足各种运输设备允许的坡度，如电瓶车为 4%，手推车为 1.5%，汽车为 8%，火车为 2%（如果条件困难时，不得大于 8%）。建筑物和构筑物在总平面上的位置及其相互间运输联系对设计标高的选择有很大影响。建筑间距越大，建筑物之间的允许高差越大。

选择标高时要保证最少的土石方工程量，尽可能使挖方、填方就近达到平衡，使设计整平标高尽量接近于自然标高。

场地的水文地质条件也是决定挖方、填方的依据之一。在挖方地带使地下水接近地面，而在填方地带则加深了地下水的深度。在设计竖向布置时应研究地下水的变化、车间性质和房屋结构等情况，在有地下室、深坑和设备基础较深的车间，当地下水位很高时，降低天然地形标高是不合适的，因为构筑物在地下水位以下修筑时须进行排水，地下室及深坑要铺设防水层，土壤被水浸湿使地耐力降低而需要加大基础断面等，这将增加地下构筑物施工的复杂性和建设投资。所以当地下水位高时，应尽可能提高场地标高，也就是进行填方。地下水位很深的地段可以进行挖方，以便利用地耐力更好的下层土质作基础，以减少基础的深度和土方工程量。

当厂区在岩石质地段应尽量减少挖方，以减少艰巨的石方工程量。在需要设置大型基础的地段，如辊道窑部分应尽量避免填方，以免在填土上建造基础增加土石方工程量。

2.4　工程管线综合

陶瓷工厂为了保证正常生产与管理，需要设置一系列的工程技术管线，以满足生产和生活上用水、蒸汽、热力、电力及煤气等方面的需要。这些工程技术管线的设置，对工厂总平面布置，特别是对建筑物和构筑物之间的距离有很大的影响。工程技术管道主要有给水管道、污水及雨水的排水管道、泥浆管道、煤气管道、蒸汽管道、压缩空气管道、电力电缆和弱电电缆等。

2.4.1　管线综合的任务和原则

1. 任务

工厂生产和生活所需要的各种工程技术管线是由各专业工种设计的，但是汇总综合属于总图工作范围以内。该项工作也有交给设计管线最多的工种负责汇总。管线综合要全面了解各种管线的特点和要求，也要了解哪些管线直接埋地下，哪些管线集中在综合管沟里，哪些管线架空。组织管线的要求，应尽量使管线间与建（构）筑物之间在平面和竖向上相互协调紧凑，既要节约用地又要考虑施工、检修及安全生产的要求。在进行综合时要与各专业工种协商，从局部服从全局需要出发，使各种管线的敷设对全局来说，能达到最大程度的经济、合理。

2. 布置原则

（1）管线宜直线铺设，并与道路、建筑物的轴线以及相邻管线相平行；

（2）尽量减少管线之间以及管线与道路的交叉；

（3）布置管线应尽量避开填土较深和土质不良地段；

（4）管线铺设应避开露天堆场以及建（构）筑物扩展用地；

（5）在改扩建中，要注意新增加的管线不影响原有管线的使用；

（6）架空管线尽可能共架（杆）布置，管线跨越公路时，应离路面 4.5m；

（7）易燃、可燃液体和可燃气体管道不得穿越可燃材料的结构和可燃、易燃材料仓库及堆场；

（8）地下管道一般不宜重叠敷设；

（9）管线综合布置过程中发生矛盾时，一般按下列原则处理：

① 临时性的让永久性的；

② 管径小的让管径大的；

③ 可以弯曲的让不可弯曲或难弯曲的；

④ 有压力的让自流的；

⑤ 施工工程量小的让工程量大的；

⑥ 新设计施工的让原有的。

2.4.2 管线的主要种类和用途

工厂所需要的工程技术管线、种类和数量是由生产性质和规模来决定的。

（1）上、下水道：生产和生活用水、排出雨水和污水；

（2）电缆、电线：供给生产与照明用电；

（3）热力管道：生产与生活用的蒸汽和热水；

（4）压缩空气管道：供给气动泵、气动充件以及输送物料时所需的压缩空气；

（5）煤气管道：生产与生活用的煤气燃料；

（6）弱电线：通信及广播电线；

（7）其他管道：化工管道、生产工艺流程的管道等。

为了避免检修管线时破坏路面影响交通，地下管线应设置在道路与建筑物之间的空地下，检修较少的给水管道和排水管道也可布置于道路下面，但应靠近主要用户及支管较多的一边。

2.4.3 敷设方式

管线布置的方式主要有以下三种：

（1）埋管，即将管线直接埋在地下；

（2）综合管沟，即将有些管线集中布置在综合管沟内；

（3）管线架空，即将管线架空，安置在支架（或杆）上。

这三种方式都应尽量使管线与建（构）筑物之间在平面和竖向上相互协调紧凑，既可节约用地又要考虑施工、检修及安全生产的要求。消防给水管道和污水、雨水的排水管道只允许设置在地下。煤气、蒸汽、压缩空气、电力和电信等管线常常是架空设置。只有在特殊情况下，如生产临时需要时才将管线设置在地面上。

地下管线与建筑物、构筑物、道路以及其他管线之间的水平距离应根据道路形式、管线埋设深度、管线的直径及特点来决定，见表2-6。地下管线的埋置深度应根据管线特点、气象条件和各种设施来决定。管线的埋设深度应在冰冻线以下，并避免不受外力的破坏，见表2-7。布置管道时还应考虑其性质、用途、相互联系及彼此可能产生的影响，例如生活污水管道不宜在上水管道附近，以防污染水源。

设置架空线时应不妨害生产运输、人行交通和建筑物的采光，并应照顾到工厂的美观要求，在陶瓷工厂中常架空设置煤气管、蒸汽管、压缩空气管和高压输电线等。煤气管路可以沿不燃烧的建筑物屋顶和外墙设置，但不能穿过窗口和门洞。架空煤气管线及其支架任何部分至建筑物、构筑物的最小水平净距见表2-8。架空电力线路至各工程设施最小水平距离见表2-9。考虑工厂的美观，在厂区的主要干线两边应尽量少布置各种架空管线。

表 2-6　地下管线相互间及其与建筑物、构筑物基础的最小水平净距

(m)

相邻管线名称		给水管网 d≤200	d=300	d=400	d=500	雨水管、净下水管	污水管	热力管(有沟、无沟)	乙炔管、氧气管	惰性气体管、压缩空气管	石油管	煤气管 低压 <0.005MPa	煤气管 中压 0.005~0.1MPa	煤气管 高压 0.1~0.3MPa	电力电缆	通信电缆
给水管线	d=200	0.5(1)	0.5(1.2)	0.6(1.3)	0.8(1.5)	1~1.5	1.5	1~1.5	1~1.5	1~1.5	1.5	1	1.5	2	0.5~1	0.5
	d=300	0.5(1.2)	0.5(1.2)	0.7(1.3)	0.8(1.8)	1~1.5	3	1~1.5	1~1.5	1~1.5	1.5	1.5	1.5	2	0.5	0.5
	d=400	0.6(1.3)	0.7(1.3)	0.7(1.3)	0.8(1.8)	1.5	3	1.5	1.5	1~1.5	1.5~2	1.5	1.5	2	0.5	0.5
	d=500	0.8(1.5)	0.8(1.8)	0.8(1.8)	0.8(1.8)	1.5	3	1.5	1.5	1~1.5	1.5~2	1.5	1.5	2	0.5~1	0.5
雨水管、净下水管 污水管		1~1.5	1~1.5	1.5	1~1.5		1.5	1.5	1~1.5	1~1.5	1~1.5	1.5	1.5	2	0.5	0.5
		1.5	1.5	1.5	1.5	1.5		1.5	1.5	1.5	1.5	1.5	1.5	2	2	2
热力管(有沟、无沟)		1~1.5	1~1.5	1~1.5	1~1.5	1~1.5	1~1.5		—	—	1.5~2	1.5	1.5	2	1	1
乙炔管、氧气管		1~1.5	1~1.5	1~1.5	1~1.5	1	1	1		1.5	1.5	1.5	1.5	2	0.5~1	0.5~1
惰性气体管、压缩空气管		1.5	1.5	1.5	1.5	1.5	1.5	1.5	2		2	—	—	0.5~1	0.5~1	0.5~1
石油管		2	2	2	2	2	2	2	2~3	2		—	—	—	0.5	—
煤气管 低压(<0.005MPa)		0.5~1	0.5~1	0.5~1	0.5~1	0.5	0.5	2	0.5	0.5	2				0.5~1	0.5~1
煤气管 中压(0.005~0.1MPa)		0.5~1	0.5~1	0.5~1	0.5~1	0.5	0.5	2	0.5	0.5	2				0.5~1	0.5~1
煤气管 高压(0.1~0.3MPa)		3	2	2	3	2	2	2	2~3	2~3	2~3	3	3	3	0.5~1	0.5~1
通信电缆		1	1	1	1	1	2	1	2	2	3	1	1	3	0.5	—
电力电缆		5	5	5	3	5	5	2	2	3	2	5	5	5	—	0.5
照明及弱电电柱		2.5	2.5	2.5	2.5	2.5	2.5	2	2	2	2	2	2	2	0.5~1	0.5~1
高压铁塔(柱)基础		不限	不限	不限	不限	不限	不限	3	3	3	3	2	2	2	0.5	0.5
灌木		1	1	1	1	1	1	1.5	1.5	1.5	1.5	1.5	1.5	1.5	0.5	0.5
乔木		3	3	3	3	3	3	2	2	2	3	2	2	2	2	2
建筑物		1.5	1.5	1.5	1.5	1.5	1.5	1.5	3	3	2	2	4	6	0.6	0.6
道路		1.5	1.5	1.5	1.5	1.5	1.5	1.5	1.5	1.5	3	1.5	1.5	1.5	1.5	1.5
铁路道路边沟边缘		0.5~1	0.5~1	0.5~1	0.5~1	0.5~1	0.5~1	0.5~1	0.5~1	0.5~1	—	0.5~1	0.5~1	0.5~1	0.5~1	0.5~1

注：
① 表中各值管线或基础埋深深度高差小于0.5m时的最小净距。当差大于0.5m时，应按土壤性质检验其相互间的最小水平净距。
② 表中保温管道以保温层外壁起计；管道以沟外壁起计；电源以沟槽底边起计；道路，铁路为路堤(堑)时，以坡脚(顶)起计；明沟以沟坡底边起计。
③ 表中给水管的间距以无地下构筑物的装置的最小间距。
④ 地下管线的间距(表外)无沟时的规定。
⑤ 室外消火栓与防雷距小于5m，距闸门井外缘不应大于2m。
⑥ 同一地沟内安设两条以上的输送易燃、可燃、腐蚀及有毒介质的管道，应符合专门规定。
⑦ 相互无干扰的管道，若一起升槽施工，净距可适当减少。
⑧ 本表不适用于湿陷性黄土地区。

（右侧附注）建筑物以沟外壁凸出最凸出部分起计；电杆、乔木根及避雷接地装置以中心起计；灌木根以边缘起计。
a. 当管线引入甲类生产厂房时，采用3m。
b. 当管线引入乙、丙类生产厂房时，采用0.5m。

表 2-7　地下工程管线最小埋设深度　　　　　　　　　　（m）

名称	埋设深度（由地面至管顶或沟顶）
上水管或湿的工艺管道 （指介质含有水分）	冰冻线以下 0.3，但不得小于管道闸、阀门的安装最小净高和 0.7
下水管 $d<500mm$	冰冻线以上 0.3，但不小于 0.7
$d>500mm$	冰冻线以上 0.5，但不小于 0.7
热的工艺及动力管道，干的工艺管道 （地沟埋设） （直接埋设）	 0.5 1.0（保温层顶至地面）
煤气管	冰冻线以下，但不小于 0.8
压缩空气管	冰冻线以下，但不小于 0.8
氧气管、乙炔管	冰冻线以下，但不小于 0.8
石油管	冰冻线以下，但不小于 1.0（油内如不含水分，则可敷设在冰冻线以上）
电缆	0.7

注：① 连接供水的集水管线，如经热工计算，在保证不致冻结的情况下，可埋设较浅，但必须有停水检修倒空的
　　　措施。
　　② 有活荷载时，应验算埋土深度。
　　③ 怕冻结的管线埋设深度小于冻结深度时，必须要有防冻措施。
　　④ 地沟结构强度应保证在外力作用下不致损坏，并能防止地面水流入。
　　⑤ 铁路下应敷设钢管或给水铸铁管，管道的埋设深度从轨底至管顶距离不得小于 1.0m。

表 2-8　架空煤气管线及其支架任何部分至建筑物、构筑物的最小水平净距　　（m）

建筑物、构筑物名称	最小水平净距（煤气管线压力小于或等于 0.3MPa）
甲、乙、丙类生产建筑物	5.0
丁、戊类生产建筑物	2.0
道路路面边缘、边沟边缘或路堤坡脚	1.5
铁路中心线	3.75
独立的露天变、配电站的围墙	10.0
熔化金属地点和明火地点	10.0
架空电力线路	见表 2-9

表 2-9　架空电力线路（外侧导线最大风偏时）至各工程设施最小水平距离　　（m）

编号	项目	线路电压（kV）				
		0.5 以下	0.5～10	35～110	154～220	330
1	工程设施	1.0	1.5	3～4	5.0	6.0
2	标准轨及窄轨铁路	电杆外缘至轨道中心		杆塔任何部分至车厢或货物外廓		
		交叉平行时均不得小于 3.0		交叉时：3.0 平行时：最高电杆高加 3.0		
3	道路	电杆中心至路边边缘		杆塔任何部分至路基边缘		
		0.5		1. 开阔地区：交叉时：5.0 平行时：最高电杆高 2. 在路径受限制地区		
				5.0	5.0	6.0

续表

编号	项目	线路电压（kV）				
		0.5以下	0.5~10	35~110	154~220	330
4	电车	电杆中心至路边边缘		杆塔任何部分至路基边缘		
		0.5	0.5	1. 开阔地区：交叉时：5.0 平行时：最高电杆高 2. 在路径受限制地区		
		电杆外缘至轨道中心				
		3.0	3.0	5.0	5.0	6.0
5	河流	外侧导线至斜坡上缘（当线路与拉纤小路平行时）		外侧导线至斜坡上缘（当线路与拉纤小路平行时）		
		最高电杆高		最高电杆高		
6	弱电线路	两线路外侧导线间在路径受限制地区		与外侧导线间		
				1. 开阔地区：最高电杆高 2. 在路径受限制地区		
		1.0	2.0	4.0	5.0	6.0
7	配电线路	两线路外侧导线间（在路径受限制地区）		与外侧导线间		
		0.5kV	2.5	1. 开阔地区：最高电杆高 2. 在路径受限制地区		
		6~10kV	2.5			
		35~110kV	5.0			
		154~220kV	7.0			
		330kV	9.0	5.0	7.0	9.0
8	特殊管道	外侧导线最大风偏时至管线任何部分（在路径受限制地区）		外侧导线至管线的任何部分最高电杆高		
		1.5	2.0			
9	索道	外侧导线最大风偏时至索道任何部分（在路径受限制地区）		外侧导线最大风偏时至索道任何部分（在路径受限制地区）		
		1.5	2.0	4.0	5.0	6.0

2.4.4 管线综合程序

1. 初步设计

确定各种管线在平面上的位置，也要考虑到预留管线的扩建位置，定出房屋间距，管线复杂的工厂最好作出管线平面综合图，甚至作出管线必要的横剖面图。综合图是经过各专业密切配合，互提资料而完成的。

各专业根据拟订的总平面方案，提出各专业的室外管线总平面方案。

根据各专业室外管线总平面方案，作出管线综合剖面图，供各专业进行设计。

管线复杂的工程，要根据各专业提出的各种室外管线总平面图，来确定管线综合平面图。

2. 施工图

根据各专业室外管线施工图资料进行平面综合。管线综合平面图一般采用 1：500 的比例。当管线不多，比较简单时，可采用 1：1000 的比例，剖面图则用 1：200 或 1：100 的比例。

3. 竣工图

管线施工过程中往往有所变更，使实际施工的情况与管线综合图常有出入，应在工程完工后，立即绘制竣工图，将管线实际铺设情况准确地反映在图纸上，便于今后扩建和检修时应用。

2.5 交通运输

工厂的运输是生产过程的一个重要环节。合理而完善的运输方式不但可以保证生产中所需要的原料、材料、燃料、半成品的供应和成品、废料的运出，同时对提高劳动生产率、降低产品成本也有重大意义。运输方式对总平面布置有很大的影响，它往往决定车间与车间之间的关系和距离、厂区的位置和外形、用地面积的紧凑程度和基本建设的经济合理。因此，交通运输是总平面设计的重要组成部分。

2.5.1 交通运输的目的与要求

通过运输组织以保证生产中所需的原料、材料、燃料和半成品的陆续供应，使生产连续不断，成品源源运出。做到经济合理，短捷方便，有利于提高劳动生产率，降低成本，改善劳动条件。

2.5.2 厂外运输方式的选择

厂外运输方式一般分为铁路运输、道路运输和水路运输。

1. 铁路运输

对于年运输量在 4 万吨以上、运输距离较远的大型陶瓷工厂，可采用铁路专用线进行运输。如果工厂附近有铁路线可以利用，虽然年运输量少于 4 万吨，也可以考虑采用铁路运输。

铁路运输在现代化运输中具有重大意义，最大优点是运输量大，运输速度快，不受气候条件的限制和费用比汽车便宜等，但是短途运输采用铁路运输是不经济的。

2. 道路运输

这是工厂采用最广泛的一种运输方式。这种运输所采用的主要运输工具有汽车、拖车、自动搬运车等。它的优点是灵活方便，不受最低运输量的限制，但运费较高。

3. 水路运输

我国的河流纵横交错，因而在河流相通的地区，沿河建厂，能充分利用运输量大而价格低廉的水上运输。水运航道是天然形成的，只需适当地修建一些停泊码头，添设一些必需的装卸设施，即可承运。

在选择工厂的运输方式时，应尽可能考虑经济合理、基础建设投资少、运费低廉、运输量大、方便迅速、连续性和灵活性较高的运输方式。

2.5.3　厂内道路运输

1. 厂内道路的标准及各建（构）筑物的间距

厂内道路主要用来满足车间之间的运输和联系，供消防车通行，满足防火要求和及时排除厂地的雨水等。布置道路网时，首先应根据厂区的占地面积、车间布置、总运输量、车间之间的运输量和生产过程对运输的要求等来选择适宜的通道宽度和布置方式。厂内道路的布置方式一般有尽头式和环行式两种。通道的宽度主要取决于厂区占地面积和地下管线占地面积。道路的宽度主要取决于行车道上行驶车辆的型号、大小和种类，线路上通过车辆的密度，行车的速度和工厂的规模等。厂内道路按其所处的位置及使用条件，可分为主要干道、次要干道、人行道和消防车道。道路行车部分的宽度、路肩宽度、最小转弯半径、纵坡和视距等主要技术标准见表 2-10。厂内道路至相邻建筑物、构筑物的最小距离见表 2-11。

表 2-10　厂内汽车道路主要技术标准

项目	名称		单位	指标	备注
路面宽度	大型厂主干道		m	7～9	城市型道路全路基宽度与路面宽度相同，公路型道路路基宽度为路面宽度与其两侧路肩宽度之和
	大型厂次干道 中型厂主干道		m	6～7	
	中型厂次干道 小型厂主干道		m	4.5～6	
	场内辅助道路		m	3～4.5	
	车间引道		m	3～4	或与车间大门宽度相适应
路肩宽度	主干道、次干道路、辅助道路		m	1.0～1.5	当经常有履带式车辆通行时，路肩宽度一侧可采用 3m。在条件困难时，路肩宽度可减为 0.5～0.75m
最小转弯半径	行驶单辆汽车		m	9	① 最小半径值均从路面内缘算起 ② 车间引道的最小转弯半径不应小于 6m ③ 在困难条件下（陡坡处除外），最小转弯半径可减少 3m ④ 通行 80t 以上的平板挂车道路，其最小转弯半径可按实际需要
	汽车带一辆拖车		m	12	
	15～25t 平板挂车		m	15	
	40～60t 平板挂车		m	18	
最大纵坡	主干道	平原微丘区	%	6	① 特殊困难处的最大纵坡：次干道可增加 1%，辅助道路可增加 2%，车间引道可增加 3% ② 经常有大量自行车通行的路段，最大纵坡不宜大于 4% ③ 经常运输危险品的车道，纵坡不宜大于 6%
		山岭重丘区	%	8	
	次干道、辅助道路、车间引道		%	8	
最小纵坡			%	0.2	当能保证路面雨水排除的情况下，城市型道路的最小纵坡可采用平坡
视距	会车视距		m	30	
	停车视距		m	15	
	交叉口视距		m	20	

项目	名称	单位	指标	备注
竖曲线最小半径	凸形	m	300	当纵坡变更处的两相邻坡度代数差大于2‰设置圆形竖曲线
	凹形	m	100	
纵向坡段的最小长度		m	50	

注：厂内车行道转弯处一般不设超高、加宽，不考虑纵坡折减。

表 2-11　厂内道路至相邻建筑物、构筑物的最小距离

序号	相邻建筑物、构筑物名称			最小距离（m）
1	一般建筑物外墙	当建筑物面向道路的一侧无出入口时		1.5
		当建筑物面向道路的一侧有出入口而无汽车引道时		3.0
		当建筑物面向道路的一侧有出入口且有汽车引道时	连接引道的道路为单车道时	8.0
			连接引道的道路为双车道时	6.0
			出入口为蓄电池搬运车引道时	4.5
2	特殊建筑物、构筑物	散发可燃气体、可燃气体的甲类厂房；甲类库房；可燃液体储罐；可燃、助燃气体储罐	主要道路	10
			次要道路	5.0
		易燃液体储罐；液化石油气储罐	主要道路	15
			次要道路	10
3	消防车道至建筑物外墙			5~25
4	铁路中心线	标准轨距		3.75
		窄轨		3.0
5	围墙	当围墙有汽车出入口时，出入口附近		6.0
		当围墙无汽车出入口而路边有照明电杆时		2.0
		当围墙无汽车出入口而路边无照明电杆时		1.5
6	条类管线支架			1.0~1.5
7	绿化	乔木（至树干中心线）		1.0
		灌木（至灌木丛边缘）		0.5

注：① 表列距离，城市型道路自路面边缘算起，公路型道路自路肩边缘算起。

　　② 当公路型道路有边沟时，其沟边与建筑物、构筑物的距离应符合以下规定：未经铺砌的边沟与建筑物、构筑物的基础边应不小于3m；当有铺砌时，可不受此限；边沟至围墙不应小于1.5m。

2. 布置厂内道路应遵照的基本原则

（1）应保证所有的生产车间、公共设施、仓库和装卸地点的正常交通。要考虑主要货流方向及运输线路简捷方便。陶瓷工厂的各种堆场、仓库一般分布于厂后区部分，运输道路的布置应该考虑到这一特点。

（2）道路网应尽量布置成环通式，并要求与建筑红线平行。如无条件环行时，可布置尽头式，但必须在道路的尽端设置转车场地。

（3）为了保证行车安全，在道路交叉处不许栽种高大树木和放置其他遮拦司机视线的设施。视距应符合技术标准的要求。

（4）主要干道的布置应该和厂前区的布置同时考虑，用以构成工厂的平面主轴，使厂区布置紧凑，整齐美观。运输道路的出入口应和人流出入口分开，尽量避免交叉，使运输方便。货运汽车最好不要通过厂前区，以免影响行人安全和办公的安静。

（5）为了配合厂区雨水的排除和工程技术管网的布置，保证有一定宽度的路幅。

（6）为保证工厂的消防安全，在车间和仓库的四周应保证消防车辆通行无阻。对于长度大于150m的大型厂房，厂房内部应设置穿过建筑物的消防车道。

（7）在进行道路设计时应尽量少转弯，需要转弯时也要呈90°角。根据不同车辆的要求，转弯半径应符合表2-10的技术标准规定。

（8）路面设计应本着坚固耐用、经济美观的原则，充分考虑就地取材，一般采用混凝土路面、沥青混凝土路面或级配碎石路面。

2.6　总平面设计技术经济指标

技术经济指标为总平面设计中一项结论性的资料，根据它才能对所设计的各种方案及与生产类似的现有工厂进行全面的分析比较，从而确定出最佳的合理方案。

技术经济指标随工厂性质、规模、协作条件及厂区地形和城市交通等条件的不同而有差异，只有全面考虑这些因素，才能切合实际地说明总平面设计是否合理。

总平面设计应列出下列主要技术经济指标：

1. 厂区占地面积（m²）

2. 建（构）筑物占地面积（m²）

新建的建（构）筑物占地面积按轴线计算；原有建（构）筑物可按墙外皮围合面积计算；圆形构筑物按实际投影面积计算；设防火堤的储罐区应按防火堤轴线计算；构筑物占地面积应包括露天设备的占地面积。

3. 露天堆场的占地面积（m²）

露天堆场占地面积系指固定的露天堆存的原料、燃料、成品、废品及辅助生产用品的占地面积，按堆场场地边缘线计算。

4. 露天设备占地面积（m²）

独立设备按其实际占地面积计算，成组设备按设备场地铺砌范围计算。

5. 建筑系数（%）

$$建筑系数 = \frac{建（构）筑物占地面积＋露天堆场占地面积＋露天设备占地面积}{厂区占地面积} \times 100\%$$

一般在32%～42%。

6. 道路及广场占地面积（m²）

道路及广场占地面积系指厂区道路及广场铺砌面积之总和（包括车间引道、人行道、停车场及回车场）。

7. 场地利用系数（%）

$$场地利用系数=\frac{建（构）筑物、露天堆场、露天设备、道路及广场、散水坡、地上（下）管线占地面积总和}{厂区占地面积}\times100\%$$

一般不宜低于 55%。

8. 绿地率（%）

$$绿地率=\frac{绿化占地面积}{厂区占地面积}\times100\%$$

一般不宜低于 15%。

绿化占地面积（m²）系指：①小游园、花坛、成块化草坪绿地，按周边界限所包围的面积计算；②呈带状及单株种植的乔、灌木用地。

9. 土石方工程量（m³）

土石方工程量系指厂区场地平整的土石方工程量，不包括建（构）筑物基础、道路路槽等的土石方数量。

3 工艺设计

工艺设计是工厂设计的主要环节，是工厂土建、电、水等公共设计的基础，是决定全局的关键。工艺设计的主要任务是：确定生产方法，选择工艺流程；选取各项工艺参数及定额指标，确定生产设备的类型、规格和数量；确定工作制度和劳动定员；进行合理的车间工艺布置。从工艺技术上、生产设备上、劳动组织上保证设计的工厂投产后能正常生产，确保产品在质量和数量上达到设计的要求。

3.1 工艺设计的基本原则和程序

3.1.1 工艺设计的基本原则

1. 工艺方面

工艺设计必须符合批准的有关文件要求。根据确定的工厂生产规模、原料种类、燃料结构、瓷种特点及产品品种，制定生产方法和工艺流程；工艺参数、技术经济指标应采用国内先进的平均指标，同时参照国外先进及适用的数据。

2. 装备方面

选择的生产设备应先进实用、能耗低、效率高，一般宜选用国产设备。必要时，根据需要也可引进国外先进设备。引进国外设备要讲究实效，重视经济效益及国内推广价值。

设备的选择应考虑系列化、标准化、统一性、互换性及机械化和自动化。

生产车间设备的设计与生产能力要相互协调，关键设备（三班连续运转的设备）设计的生产能力宜留有 10%～20% 的富余量。

3. 工艺布置方面

工艺设计应结合总体规划和总平面布置的要求，工艺流程在保证质量的前提下尽量短捷，设备及管道布置应便于施工安装、操作及检修，并考虑土建及公共工程各专业的要求。

4. 环保方面

工艺设计应重视保护环境，以推行清洁生产为理念，贯彻"以防为主，防治结合，综合治理"、生产项目和配套的环保项目要"三同时（同时设计、同时施工、同时投产）"方针，采取有效措施治理有害物质的排放和噪声的危害，并应有完善的劳动保护和安全卫生设施，保证安全生产。

5. 工作制度方面

工艺设计采用的工作制度，应根据产品的实际生产情况确定，还要结合当地的气候条件、民族习惯等。一般情况下，连续生产的设备及为其服务的相关部门为三班生产，连续生产的年工作日按 330 天计算。

采用三班连续生产工作制度的岗位年工作日按 330 天计算，采用轮休办法保证职工的法定休息权利。

3.1.2 工艺设计的程序

（1）选定工作制度，确定每天出厂合格瓷砖的瓷重和片数；

（2）选择生产方法和工艺流程，以及主要设备类型；

（3）确定主要工艺参数和定额指标；

（4）物料平衡计算，确定各主要工序加工量；

（5）设备选型计算；

（6）车间工艺布置，并绘制多个车间工艺布置草图，经过方案比选，确定最佳方案；

（7）计算设备的电力安装容量以及燃料、水、压缩空气等需要量，确定劳动定员和全厂职工总数，计算运输量，并向土建等公共专业提供资料；

（8）根据土建专业返回的资料，结合总平面布置要求，绘制正式车间工艺布置图；

（9）主要技术经济指标计算；

（10）编写工艺设计说明书。

3.2　生产方法和工艺流程的选择

3.2.1　生产方法选择原则

（1）确保产品的质量要求

在满足产品质量要求下，尽可能简化流程，缩短生产周期。工艺流程的选择应充分体现技术上的先进性和可靠性。

（2）以工厂建设规模和投资的可能为依据

从工厂建设规模、可能投资的额度出发，结合当地的实际情况，尽可能提高机械化和自动化程度，降低劳动强度，完善劳动保护和安全生产设施及措施，保证安全生产。

（3）必须进行技术经济分析和论证，使设计工厂投产后，各项技术经济指标经济合理、先进。

（4）满足生产调节的灵活性，不会因为某些因素的变化，导致生产工艺和设备运转的不合理。

生产方法和工艺的最后确定，需要经过多方案的分析和比选，最终方案应该可靠、合理、适用和先进。

3.2.2　确定工艺流程的依据

1. 原料的组成和性质

原料的组成和性质直接影响着原料加工处理的方法。原料中的杂质，应根据其对产品质量的影响程度采用相应的处理措施。

2. 产品品种及质量要求

产品品种和质量要求直接关系到原料加工方法、坯釉料的配方和生产工艺。如有色地砖，坯体烧后呈色，因此生产可采用含着色剂高的黏土，而且原料处理过程中不需要除铁工序；而要求质地洁白的抛光砖，则要求采用含着色剂量低的原料，并在原料处理过程中要加强除杂除铁工序的力度。

3. 工厂的建设规模和投资额度

工厂的建设规模和可能的投资额度也会影响生产方法和工艺流程的选择。

投资多的大型工厂，应尽可能采用机械化、自动化水平高的工艺技术和节能高效的设备；投资少的中小型工厂，应注意因地制宜，适当地照顾到机械化、自动化程度，并为今后发展留有余地。

4. 半工业加工试验

半工业加工试验是在资源勘探工作及实验配方试验的基础上进行的，它是确定工艺流程和设备选型的主要依据。特别是对新建厂或新使用的原料，更应该通过半工业加工试验来审定它的质量，制定配方，确定生产工艺，并获得各项设计数据。

3.3 定额指标、工作制度和劳动定员

3.3.1 各种定额指标的确定

在进行工艺计算时，需要采用各种不同的定额，如劳动定额，原材料、燃料消耗定额及原料的储备定额等。这些定额必须根据类似陶瓷厂的实际定额情况和所设计陶瓷厂的具体特定条件进行分析后确定。

在设计中，当采用其他工厂的各项定额时，必须说明该厂的生产特点和生产条件同设计厂相似的情况。如果不相似，必须用计算法或根据生产经验确定定额的修正系数。定额选择不当，不是造成浪费就是使生产不平衡，出现各种不合理的现象。

1. 劳动定额

劳动定额是企业在一定的生产条件下，为生产合格产品所预先规定的劳动消耗量标准。劳动定额有以下类别：

（1）工时定额（时间定额或人时定额），是指生产单位产品或完成一定工作所需要的劳动时间（工时/件）。

（2）产量定额（班时定额或台时定额），是指单位时间内生产合格产品的数量。例如，规定一个选料工在一个班内选完若干吨原料（吨/人·班）。

（3）看管定额，看管定额是指一个工人或一个班组同时看管机器设备的台数。

不同形式的劳动定额，适用于不同的生产条件。

2. 物资消耗定额

物资消耗定额是在制造单位产品或完成单位工作量时，对各物资的消耗所规定的限制数量。它是物资利用程度的一种度量，是编制物料平衡表和技术经济分析的重要依据，也是促使合理使用物资、节约社会财富、降低产品成本的有效方法。

根据物资的用途，可以把物资消耗定额分为原料消耗定额、基本材料消耗定额、辅助材料消耗定额、燃料消耗定额、动力消耗定额等。

物资消耗定额的确定大体上有三种方法，即经验统计法、技术计算法及实际查定法。

可以根据不同的情况选用，既可以单独运用也可以结合使用。有条件的地方应以技术计算法为主，因为这种方法确定的定额较为精确，有较高的科学性，但计算复杂，而且必须有完整的资料。生产技术水平、管理水平、自然条件以及劳动者的技术熟练程度和生产积极性都会影响物资消耗定额水平。在制定物资消耗定额时，必须考虑到这些因素。

原材料消耗定额随着加工工艺的不同而异。例如，不同产品厚度不同，粉料的消耗量就有所不同，可通过计算而得，也可以直接采用目前工厂的实际生产数据获得。釉料消耗量、燃料消耗量等可按每吨瓷所需的釉料量、燃料量等指标进行计算。

3. 原材料储备定额

为了保证生产的连续进行，根据工艺要求需要有一定的原材料储备，并使其在保证生产的条件下，数量尽可能少，以加速资金周转，减少占用厂房，节省基本建设投资。原材料的储备在陶瓷生产中具有较大的意义，它不仅保证生产的连续性，而且保证产品质量的稳定。此外，某些原材料经过一定时间的储存，会改善某些工艺性能，例如泥料和泥浆经过一定时间的陈腐作用，能改善成型性能。

全厂性原材料的储备量和许多因素有直接的联系，各工厂可以不同，归纳起来有下面三种性质的储备。

1）经常储备

经常储备指定期对企业补充供应原材料，以满足生产需要。

最大经常储备量计算的一般公式为：

$$Q_经 = PT_间$$

式中　$Q_经$——最大经常储备量（t）；

　　　P——平均每日原材料消耗量（t）：

　　　$T_间$——原材料供应时间间隔期（d）。

经常储备量的多少与原材料进厂的时间间隔期的长短成正比关系，它同原材料供应地和交通运输等条件有关。原料供应地近而且交通运输方便，进厂的间隔期就短，经常储备量可以少些。

2）保险储备

保险储备是为了防止经常储备的原材料供应临时中断，或为了满足工艺上的要求，用以均衡生产，以保证生产的连续进行，它对生产起着保险作用。保险储备量的多少，应由工艺技术上的要求、原材料供应的均衡程度和稳定程度来确定。

保险储备量计算的一般公式为：

$$Q_保 = PT_保$$

式中　$Q_保$——保险储备量（t）；

　　　$T_保$——原材料保险期（d）。

3）季节储备

季节储备是为了防止由于原材料的供应受到季节性的中断造成的影响。原材料的季节性中断有两种情况：一种是由于矿山的生产季节性，如北方的冰冻期和南方雨季期；另一种是运输方面的季节性中断，如河流干枯或冻结等。原材料季节储备量的多少，是由季节性中断的时间长短来决定的。

考虑全厂性原材料的储备量时应该根据具体情况将经常储备、保险储备和季节储备综合考虑，以确定合理的原材料储备定额。建筑陶瓷厂原材料的储备定额，通常由工厂的生产经营状况、供应商供货状态和企业储备能力综合决定的。

4. 半成品储备定额

半成品储备量应该根据生产加工过程的工艺要求而定。如某些设备发生损坏引起暂时的生产不平衡，而需要有一定的储备量。墙地砖工厂一般由储坯器来完成半成品储备任务，接收或输送半成品时与生产线连接。储坯器一般布置于干燥窑之前（生坯储坯器）和烧成窑之前（干坯储坯器），前者主要负责压机故障或模具更换时对生产线的生坯供给，后者负责釉线装饰设备故障时对烧成辊道窑的干坯供给。连续生产和间歇生产之间的储备量，如原料车间生产的自动化程度相对较低，必须对喷雾造粒粉料有一定的储备，以保证成型烧成车间的连续生产，各类半成品储备量均要根据具体情况而定。

3.3.2 工作制度的确定

工作制度确定了工厂的有效生产时间，因此对机械设备的年利用率、劳动定员、基本建设投资以及固定资产折旧率等重要技术经济指标都有较大影响。合理的工作制度能充分利用车间面积和设备，提高产品的质量，缩短生产周期，提高劳动生产率，并且降低成本；不合理的工作制度往往会延长生产周期，扩大生产面积，降低设备及劳动力的利用率，因而导致基本建设投资增加，资金周转变慢，劳动生产率降低，成本提高。

一般在确定工作制度时，应该考虑到生产性质、规模、产品方案、生产的机械化程度、设备正常维护与检修、事故停产、企业管理水平及劳动保护等因素，同时还应注意当地的气候条件、民族习惯等。

工作制度包括年工作制度和日生产班制两部分。年工作制度有连续作业和不连续作业之分。我国规定每年104个休息日，另外还有11天法定节假日，即元旦1天、春节3天、清明节1天、五一国际劳动节1天、端午节1天、中秋节1天及十一国庆节3天，全年工作日为250天。但这一规定不能用于连续作业的生产，如原料加工、压机、干燥窑、烧成窑等。连续作业的生产假日不休息，仅考虑每年一个月的检修期。设计时，全年工作日可定为330天。日生产班制可分一班制、两班制及三班制。在三班工作制中，夜班的工作条件较差，工人劳动时容易疲劳，所以除了连续生产要求采用三班工作制外，一般均可采用两班制。除主要生产工序外，行政、中心实验室、机修及辅助车间等部门应根据实际生产需要确定工作制度。陶瓷墙地砖工厂设计主要工序工作制度见表3-1。

表 3-1 主要工序工作制度及生产班制表

工序名称	作业性质	年工作日（d）	生产班制
配料球磨	连续周	330	三
过筛除铁	连续周	330	三
喷雾造粒	连续周	330	二或三
成型	连续周	330	三
干燥	连续周	330	三
装饰	连续周	330	三
烧成	连续周	330	三
磨边倒角	连续周	330	三
成品检验、包装	连续周	330	三

3.3.3 劳动定员

车间工作人员主要包括生产工人、辅助工人、行政管理人员、工程技术人员和勤杂工人。生产工人是指直接参与产品制造过程的操作工人；辅助工人是指不参与产品直接加工而是进行辅助性劳动，如机修工、电工、运输工等；行政管理人员是指工厂各行政管理部门的人员；工程技术人员主要是技术管理与产品研发人员等；勤杂工人是负责车间的清洁及勤杂事务的工人。

1. 生产工人的确定

陶瓷工厂生产工人的计算方法一般有两种：一种是按劳动生产定额计算，另一种是按设备进行搭配。

陶瓷墙地砖工厂主要工序往往由一组工人共同负责管理几台设备的运行，定额不易确定，故进行搭配。搭配的原则和工厂的生产规模、机械化程度和设备的具体情况有关。例如，原料车间配备球磨工，可按以下经验指标确定：球磨机 3～4 台，每班配用 2 人，4台以上配用 3 人。压机工通常每人控制 1～2 台压砖机；施釉、印花、喷墨等釉线装饰工序则每个工序至少配备 1 名工人；司炉工每条窑每班配备 2～3 人。当用搭配方法确定工人时，对连续周生产轮休人员的确定，可根据同一工种或相近的几个工种的工人定员数，以每 5 人配备轮休工 2 名来考虑，从而确保每个工人一星期工作 5 天休息 2 天。

2. 辅助工人的确定

辅助工人常根据具体生产要求进行搭配。搭配时要考虑车间规模、机械化程度和运输情况等，主要应该满足生产要求：

（1）按照生产工人进行搭配，如运输搬运工；

（2）按照车间规模大小进行搭配，如电工。

3. 行政管理人员和技术人员的确定

一般按指标进行计算，然后根据车间规模大小和管理要求进行调整。

4. 勤杂人员的确定

按指标进行，一般占车间工人的 2%～3%。

在确定工人人数的同时应该注意男、女工的搭配。对于能使用女工的岗位应该考虑女工，这样可以更合理地使用劳动力。为了满足生产的要求，还要根据生产制度、生产工艺要求尽量做到有足够的劳动量，满足生产的平衡。表 3-2 为全厂定员及构成分析表。

表 3-2　全厂定员及构成分析表

序号	部门	工人	技术人员	管理人员	合计
1	财务科				
2	生产计划科				
3	技术质检科				
4	品管科				
5	供销科				
6	行政科				
7	设备科				
8	厂办				

序号	部门	工人	技术人员	管理人员	合计
9	铲车运输				
10	配料球磨				
11	喷雾干燥				
12	料仓				
13	空中皮带运输				
14	压机成型				
15	清扫除灰				
16	施釉				
17	一次丝网印刷				
18	喷墨打印				
19	二次丝网印刷				
20	烧成				
21	检选				
22	包装				
23	叉车运输				
24	地磅				
25	水泵房				
26	配电房				
27	空压站				
28	污水处理池				
29	机修车间				
30	中心实验室				
31	成品仓				
32	保卫				
33	勤杂人员				
34	总计				

3.4 物料平衡计算

3.4.1 物料平衡计算在设计中的作用

物料平衡计算是工艺设计的重要组成部分，它是以生产规模、产品方案、工艺流程、工艺参数及工作制度为基础，对陶瓷生产过程中各工序物料量的一种近似计算方法。通过物料平衡计算可以解决下列问题：

（1）计算从原料进厂至成品出厂各工序所需处理的物料量，即各工序加工量，以此为依据进行设备选型，并确定设备的型号和数量，确定劳动组合和全厂职工总数；

（2）计算各种原料、辅助材料及燃料的耗用量，作为总图设计中确定运输量、运输设备和计算各种堆场、料仓面积等的依据；

（3）计算水、电、压缩空气和蒸汽的需要量，确定原材料、燃料等单位成品消耗指标，作为公共设计和计算产品成本等的依据。

3.4.2　物料平衡计算的基本公式

1. 瓷重转为坯重的计算公式

$$釉坯重 = \frac{瓷重}{1 - 灼减率(\%)}$$

$$有釉产品的生坯重 = \frac{瓷重 \times \dfrac{a}{a+b}}{1 - 灼减率(\%)}$$

$$有釉产品的生釉重 = \frac{瓷重 \times \dfrac{b}{a+b}}{1 - 灼减率(\%)}$$

坯：釉 $= a : b$（a、b 为产品瓷重中坯、釉的重量）

2. 工序加工量的计算公式

$$本工序加工量 = \frac{本工序合格品数}{本工序合格率(\%)} = \frac{下道工序加工量}{1 - 本工序损失率(\%)}$$

本工序加工量：指输送到本工序所需加工的物料量（半成品）。

下道工序加工量：指输送到下道工序工位上的本工序合格品数，也就是下一道工序应加工的物料量（半成品）。

3.4.3　物料衡算的步骤

1. 根据生产工艺流程，选择衡算的项目

凡是有主要设备的工序必须立项衡算。只有辅助设备或非重要设备的工序，可以不单独列项。此外，加工量相差不大的上、下工序，如原料的粗碎、中碎工序，可以并项计算。

2. 合理确定与衡算项目密切相关的工艺参数

工艺参数的确定应尽量符合实际，有的是根据调研和半工业试验报告，有的是根据类似工厂生产中统计出来的平均先进指标，再结合设计的拟建厂具体工艺特点进行分析，最后确定。指标不能过于先进，以免对以后的生产造成困难；也不能保守，防止造成浪费。

3. 逆着生产工艺流程，计算各工序的加工任务，即工序加工量

首先根据拟建厂的建设规模和选定工作制度的年工作日，确定每日出厂合格瓷砖的瓷重和片数。

再以每日出厂合格瓷砖的瓷重和片数为基数，逆着生产工艺流程，从最后一道工序检选包装入库往前至原料进厂第一道工序，逐步计算，算出各工序的日加工量。一般是以日工序加工量来进行设备选型和计算，从而确定各工序设备的类型、规格和数量。

另外，也可以单位产品为基数，即以出厂 1t 或 1 片合格瓷砖为基数，逆着生产工艺流程逐步计算各工序的加工量，然后以拟建厂每日出厂合格瓷砖的瓷重或片数乘以单位产品的工序加工量，即可得到拟建厂各工序的加工量。以出厂合格瓷砖单位产品为基数计算出来的单位产品工序加工量的物料衡算表，表明这类产品在相同工艺条件下的共性。这样就不会因建设规模的改变而需重新计算。只要计算出新的建设规模每日出厂的瓷重和片数，再乘以物料衡算表的单位产品工序加工量即可。

根据已确定的工艺流程，将选定的衡算项目按从最后一道工序往前排，直至第一道工序，按已确定的工艺参数逐步计算，算出各工序的单位产品工序加工量。

以下是几种常见陶瓷墙地砖的物料衡算表。

表 3-3　一次烧内墙砖物料衡算表

表 3-4　二次烧内墙砖物料衡算表

表 3-5　外墙砖物料衡算表

表 3-6　渗彩抛光砖物料衡算表

表 3-7　仿古砖物料衡算表

表 3-8　大颗粒抛光砖物料衡算表

表 3-9　岩板物料衡算表

该 7 个表格中的"指标"一栏中，设定值为行业的近似值，为了计算方便，我们在这里多取整数值，在具体设计时可依据工厂的工艺水平、管理水平、设备状况来综合确定。需要指出的是，中小陶瓷企业的设计，计算系数的计算保留小数点后面四位，大型陶瓷厂的设计，可将计算系数的有效数字增加至五位，以确保物料衡算值的合理性和准确性。

表 3-3　一次烧内墙砖物料衡算表

序号	考虑因素	指标	计算系数		
			坯料（吨/吨瓷）	釉料（吨/吨瓷）	砖坯（片/片瓷）
1	检选包装损失	1%	1÷0.99＝1.0101		1÷0.99＝1.0101
2	烧成合格率	95%	1.0101÷0.95＝1.0633		1.0101÷0.95＝1.0633
3	坯釉比	95:5	1.0633×0.95＝1.0101	1.0633×0.05＝0.0532	
4	坯料烧失	5.5%	1.0101÷0.945＝1.0689		
5	釉料烧失	1.5%		0.0532÷0.985＝0.0540	
6	印花损失	1%	1.0689÷0.99＝1.0797	0.054÷0.99＝0.0545	1.0633÷0.99＝1.0740
7	施釉损失	1%	1.0797÷0.99＝1.0906	0.0545÷0.99＝0.0551	1.0740÷0.99＝1.0849
8	施釉工序的釉料损失	5%		0.0551÷0.95＝0.0580	
9	干燥损失	1%	1.0906÷0.99＝1.1016		1.0849÷0.99＝1.0958
	成型损失	1%	1.1016÷0.99＝1.1127		1.0958÷0.99＝1.1069
10	a. 废坯回收率	90%	（⑩－⑥）×90%＝（1.1127－1.0797）×90%＝0.0297（注：印花废坯回收，年终一次性处理）		
11	粉料贮运损失	0.5%	1.1127÷0.995＝1.1183		

序号	考虑因素	指标	计算系数		
			坯料(吨/吨瓷)	釉料(吨/吨瓷)	砖坯(片/片瓷)
12	喷雾干燥损失	3%	1.1183÷0.97=1.1529		
	b. 细粉回收率	70%	(⑫−⑪)×70%=(1.1529−1.1183)×70%=0.0242		
13	料浆输送损失	0.5%	1.1529÷0.995=1.1587	0.0580÷0.995=0.0583	
14	过筛除铁损失	1%	1.1587÷0.99=1.1704	0.0583÷0.99=0.0589	
15	配料球磨损失	1%	(1.1704−a−b)÷0.99=(1.1704−0.0297−0.0242)÷0.99=1.1278	0.0589÷0.99=0.0595	
16	坯用原料含水率	5%	1.1278÷0.95=1.1872		
17	釉用原料含水率	1%		0.0595÷0.99=0.0601	
18	坯用原料含渣	1%	1.1872÷0.99=1.1992		
19	坯用原料进厂运输损失	2%	1.1992÷0.98=1.2237		
20	釉用原料进厂运输损失	0.5%		0.0601÷0.995=0.0604	

① 坯料球磨量(干基)=(⑮)　　坯料球磨量(湿基)=(⑯)　(⑮、⑯为序号，表中含义同)

② 化浆干料量=a+b

③ 进塔干料量=(⑫)

④ 进塔料浆量=(⑫)÷(1−料浆含水率)

⑤ 出塔粉料量=(⑫)÷(1−粉料含水率)

⑥ 塔内干燥水分=进塔料浆量−出塔粉料量

⑦ 过筛除铁干料量=(⑭)

⑧ 坯用原料耗用量=(⑲)

⑨ 釉料球磨量(干基)=(⑮)　　釉料球磨量(湿基)=(⑰)

⑩ 釉用原料耗用量=(⑳)

釉料根据工艺要求，有时要分为面釉和底釉。

备注：物料衡算表中的原料含水，是指进厂的原料中所含的水。

球磨量(干基)，是指配料时按配方配制的干基物料量；下到球磨机的料是进厂的原料，是含有水分的，这就是球磨量(湿基)。下到球磨机里的湿基量是由按配方配置的干基量换算而来的。物料衡算表中的原料含水率是湿基球磨料的综合含水率，其计算方法详见 3.5.1。

干基球磨量用于球磨机选型和设备数量计算；湿基球磨量用于在设定泥浆含水率的前提下，求出球磨的料水比，从而确定球磨的加水量。

表 3-4　二次烧内墙砖物料衡算表

序号	考虑因素	指标	计算系数		
			坯料（吨/吨瓷）	釉料（吨/吨瓷）	砖坯（片/片瓷）
1	检选包装损失	1%	$1÷0.99=1.0101$		$1÷0.99=1.0101$
2	釉烧合格率	97%	$1.0101÷0.97=1.0413$		$1.0101÷0.97=1.0413$
3	坯：釉	95：5	$1.0413×0.95=0.9892$	$1.0413×0.05=0.0521$	
4	坯料烧失	5.5%	$0.9892÷0.945=1.0468$		
5	釉料烧失	1.5%		$0.0521÷0.985=0.0529$	
6	印花损失	1%	$1.0468÷0.99=1.0574$	$0.0529÷0.99=0.0534$	$1.0413÷0.99=1.0519$
7	施釉损失	1%	$1.0574÷0.99=1.0681$	$0.0534÷0.99=0.0539$	$1.0519÷0.99=1.0625$
8	施釉工序的釉料损失	5%		$0.0539÷0.95=0.0567$	
9	素烧合格率	98%	$1.0681÷0.98=1.0899$		$1.0625÷0.98=1.0842$
10	干燥损失	1%	$1.0899÷0.99=1.1009$		$1.0842÷0.99=1.0951$
11	成型损失	1%	$1.1009÷0.99=1.1120$		$1.0951÷0.99=1.1062$
11	废坯回收率	90%	a. 回收素烧前废坯化浆 $(⑪-⑨)×0.9=$ $(1.1120—1.0899)$ $×0.9=0.0199$ b. 回收素烧废坯下球磨 $(⑨-⑥)×90\%=$ $(1.0899-1.0574)×0.9$ $=0.0293$ c. 回收印花素烧废坯，年终一次性处理		
12	粉料贮运损失	0.5%	$1.1120÷0.995=1.1176$		
13	喷雾干燥损失	3%	$1.1176÷0.97=1.1522$		
13	细粉回收率	70%	d. 回收细粉化浆 $(1.1522-1.1176)×0.7$ $=0.0242$		
14	料浆输送损失	0.5%	$1.1522÷0.995=1.1580$	$0.0567÷0.995=0.0570$	
15	过筛除铁损失	1%	$1.1580÷0.99=1.1697$	$0.0570÷0.99=0.0576$	
16	配料球磨损失	1%	$(1.1697-a-d)÷0.99=$ 1.1370	$0.0576÷0.99=0.0581$	

序号	考虑因素	指标	计算系数		
			坯料（吨/吨瓷）	釉料（吨/吨瓷）	砖坯（片/片瓷）
17	坯用原料含水率	5%	$(1.1370-b)\div0.95$ $=1.1660$		
18	坯用原料含渣	1%	$1.1660\div0.99=1.1778$		
19	釉用原料含水率	1%		$0.0581\div0.99=0.0587$	
20	坯用原料进厂运输损失	2%	$1.1778\div0.98=1.2018$		
21	釉用原料进厂运输损失	0.5%		$0.0587\div0.995=0.0590$	

① 坯料球磨量（干基）＝⑯　　坯料球磨量（湿基）＝⑰　　（⑯、⑰为序号，表中含义同）

② 化浆干料量＝a+d

③ 进塔干料量＝⑬

④ 进塔料浆量＝⑬÷（1-料浆含水率）

⑤ 出塔粉料量＝⑬÷（1-粉料含水率）

⑥ 塔内干燥水分＝进塔料浆量－出塔粉料量

⑦ 过筛除铁干料量＝⑮

⑧ 坯用原料耗用量＝⑳

⑨ 釉料球磨量（干基）＝⑯　　釉料球磨量（湿基）＝⑲

⑩ 釉用原料耗用量＝㉑

釉料根据工艺要求，有时要分为面釉和底釉。

备注：物料衡算表中的原料含水是指进厂原料所含的水。

一般来说，球磨量（干基），是指配料时按配方配制的干基物料量；下到球磨机的料是含有水分的进厂原料，这就是球磨量（湿基）。下到球磨机里的湿基量是由按配方计算的干基量换算而来的。物料衡算表中的原料含水率是湿基球磨量的综合含水率，其计算方法详见3.5.1。

干基球磨量用于球磨机选型和设备数量计算；湿基球磨量用于在设定泥浆含水率的前提下，求出球磨的料水比，从而确定球磨的加水量。

二次烧的产品球磨时，不仅要加按配方计算的进厂原料，还要加回收的素烧废坯，因为素烧废坯不易化浆。坯料干基球磨量仍为按配方计算的干基物料量；坯料的湿基球磨量为加到球磨机里的含有水分的进厂原料，另外还要加回收的素烧废坯和水。

加水量的计算方法：按表3-4先求出生产1t合格产品所需的各种料量。生产1t合格产品，需要含有5%水分的进厂原料是1.1660t，回收的素烧废坯是0.0293t；假定球磨料浆的含水率是35%，设加入球磨的水为xt，则

$$\frac{x+1.1660\times5\%}{1.1660+0.0293+x}\times100\%=35\%$$

得出 $x=0.5539$（t），即生产1t合格产品，需要含水率为5%的进厂原料1.1660t，回收的素烧废坯0.0293t，水0.5539t。一般来说，球磨机的料（湿基）水比以加入球磨机的进厂原料来定。因此，要将上述以产出1t合格产品为基础求出的加入球磨机的进厂原料、回收素烧废坯和水的量转换为加1t进厂原料为基础的回收素烧废坯：$\frac{0.0293}{1.1660}=$

0.0251t，水：$\frac{0.05539}{1.1660}=0.4751t$，即球磨机加料时，应按以下比例：进厂原料：素烧废坯：水=1：0.0251：

0.4751。核算此时的泥浆含水率：$\frac{0.4751+0.05}{1+0.0251+0.4751}\times100\%=35.00\%$。

表 3-5　外墙砖物料衡算表

序号	考虑因素	指标	计算系数		
			坯料（吨/吨瓷）	釉料（吨/吨瓷）	砖坯（片/片瓷）
1	检选包装损失	1%	1÷0.99＝1.0101		1÷0.99＝1.0101
2	烧成合格率	95%	1.0101÷0.95＝1.0633		1.0101÷0.95＝1.0633
3	坯：釉	95：5	1.0633×0.95＝1.0101	1.0633×0.05＝0.0532	
4	坯料烧失	5.5%	1.0101÷0.945＝1.0689		
5	釉料烧失	1.5%		0.0532÷0.985＝0.0540	
6	施釉损失	1%	1.0689÷0.99＝1.0797	0.0540÷0.99＝0.0546	1.0633÷0.99＝1.0740
7	施釉工序的釉料损失	5%		0.0546÷0.95＝0.0575	
8	干燥损失	1%	1.0797÷0.99＝1.0906		1.0740÷0.99＝1.0849
9	成型损失	1%	1.0906÷0.99＝1.1016		1.0849÷0.99＝1.0958
9	废坯回收率	90%	a.（⑨－⑥）×90%＝（1.1016－1.0797）×90%＝0.0197　注：外墙砖一般是色釉，施釉废坯年终一次性处理		
10	粉料贮运损失	0.5%	1.1016÷0.995＝1.1071		
11	喷雾干燥损失	3%	1.1071÷0.97＝1.1414		
11	回收率	70%	b.（⑪－⑩）×70%＝（1.1414－1.1071）×70%＝0.0240		
12	料浆输送损失	0.5%	1.1414÷0.995＝1.1471	0.0575÷0.995＝0.0578	
13	过筛除铁损失	1%	1.1471÷0.99＝1.1587	0.0578÷0.99＝0.0583	
14	配料球磨损失	1%	（1.1587－0.0197－0.0240）÷0.99＝1.1263	0.0583÷0.99＝0.0589	
15	坯用原料含水率	5%	1.1263÷0.95＝1.1856		
16	坯用原料含渣	1%	1.1856÷0.99＝1.1975		
17	釉用原料含水率	1%		0.0589÷0.99＝0.0595	
18	坯用原料进厂运输损失	2%	1.1975÷0.98＝1.2220		
19	釉用原料进厂运输损失	0.5%		0.0595÷0.995＝0.0598	

① 坯料球磨量（干基）＝（⑭）　　坯料球磨量（湿基）＝（⑮）（⑭、⑮为序号，表中含义同）
② 化浆干料量＝a＋b
③ 进塔干料量＝（⑪）
④ 进塔料浆量＝（⑪）÷（1－料浆含水率）
⑤ 出塔粉料量＝（⑪）÷（1－粉料含水率）
⑥ 塔内干燥水分＝进塔料浆量－出塔粉料量
⑦ 过筛除铁干料量＝（⑬）
⑧ 坯用原料耗用量＝（⑱）
⑨ 釉料球磨量（干基）＝（⑭）　　釉料球磨量（湿基）＝（⑰）
⑩ 釉用原料耗用量＝（⑲）
备注：见表 3-3。

表 3-6　渗彩抛光砖物料衡算表

序号	考虑因素	指标	计算系数	
			坯料(吨/吨瓷)	砖坯(片/片瓷)
1	检选包装损失	1%	$1 \div 0.99 = 1.0101$	$1 \div 0.99 = 1.0101$
2	抛光破损率	1%	$1.0101 \div 0.99 = 1.0203$	$1.0101 \div 0.99 = 1.0203$
3	抛光磨削率	5%	$1.0203 \div 0.95 = 1.0740$	
4	烧成合格率	95%	$1.0740 \div 0.95 = 1.1305$	$1.0203 \div 0.95 = 1.0740$
5	烧失	6%	$1.1305 \div 0.94 = 1.2027$	
6	渗彩(印花)损失	1%	$1.2027 \div 0.99 = 1.2148$	$1.0740 \div 0.99 = 1.0848$
	渗彩废坯回收年终一次处理		⑥ - ⑤ = 1.2148 - 1.2027 = 0.0121	
7	干燥损失	1%	$1.2148 \div 0.99 = 1.2271$	$1.0848 \div 0.99 = 1.0958$
8	成型损失	1%	$1.2271 \div 0.99 = 1.2395$	$1.0958 \div 0.99 = 1.1069$
	a. 废坯回收率	90%	(⑧ - ⑥) × 90% = (1.2395 - 1.2148) × 90% = 0.0222	
9	粉料贮运损失	0.5%	$1.2395 \div 0.995 = 1.2457$	
10	喷雾干燥损失	3%	$1.2457 \div 0.97 = 1.2843$	
	b. 细粉回收率	70%	(⑩ - ⑨) × 70% = (1.2843 - 1.2457) × 70% = 0.0270	
11	料浆输送损失	0.5%	$1.2843 \div 0.995 = 1.2908$	
12	过筛除铁损失	1%	$1.2908 \div 0.99 = 1.3038$	
13	配料球磨损失	1%	(⑫ - a - b) ÷ 0.99 = (1.3038 - 0.0222 - 0.0270) ÷ 0.99 = 1.2673	
14	原料含水率	5%	$1.2673 \div 0.95 = 1.3340$	
15	原料含渣	1%	$1.3340 \div 0.99 = 1.3474$	
16	原料进厂运输损失	2%	$1.3474 \div 0.98 = 1.3749$	

① 球磨量(干基) = ⑬　球磨量(湿基) = ⑭　(⑬、⑭为序号，表中含义同)

② 化浆干料量 = a + b

③ 进塔干料量 = ⑩

④ 进塔料浆量 = ⑩ ÷ (1-料浆含水率)

⑤ 出塔粉料量 = ⑩ ÷ (1-粉料含水率)

⑥ 塔内干燥水分 = 进塔料浆量 - 出塔粉料量

⑦ 过筛除铁干料量 = ⑫

⑧ 坯料耗用量 = ⑯

备注：见表 3-3。

表 3-7　仿古砖物料衡算表

序号	考虑因素	指标	计算系数		
			坯料(吨/吨瓷)	釉料(吨/吨瓷)	砖坯(片/片瓷)
1	检选包装损失	1%	1÷0.99=1.0101		1÷0.99=1.0101
2	磨边损失	0.5%	1.0101÷0.995=1.0152		1.0101÷0.995=1.0152
3	磨边磨削率	4%	1.0152÷0.96=1.0575		
4	烧成合格率	95%	1.0575÷0.95=1.1132		1.0152÷0.95=1.0686
5	坯∶釉	95∶5	1.1132×0.95=1.0575	1.1132×0.05=0.0557	
6	坯料烧失	5.5%	1.0575÷0.945=1.1190		
7	釉料烧失	1.5%		0.0557÷0.985=0.0565	
8	印花损失	1%	1.1190÷0.99=1.1304	0.0565÷0.99=0.0571	1.0686÷0.99=1.0794
9	施釉损失	1%	1.1304÷0.99=1.1418	0.0571÷0.99=0.0577	1.0794÷0.99=1.0903
10	施釉工序的釉料损失	5%		0.0577÷0.95=0.0607	
11	干燥损失	1%	1.1418÷0.99=1.1533		1.0903÷0.99=1.1013
	成型损失	1%	1.1533÷0.99=1.1650		1.1013÷0.99=1.1124
12	a. 废坯回收率	90%	(⑫-⑧)×90%=(1.1650-1.1304)×90%=0.0311　注：印花回收废坯年终一次性处理		
13	粉料贮运损失	0.5%	1.1650÷0.995=1.1709		
	喷雾干燥损失	3%	1.1709÷0.97=1.2071		
14	b. 细粉回收率	70%	(⑭-⑬)×0.70=(1.2071-1.1709)×0.70=0.0253		
15	料浆输送损失	0.5%	1.2071÷0.995=1.2132	0.0607÷0.995=0.0610	
16	过筛除铁损失	1%	1.2132÷0.99=1.2254	0.0610÷0.99=0.0616	
17	配料球磨损失	1%	(1.2254-0.0311-0.0253)÷0.99=1.1808	0.0616÷0.99=0.0622	
18	坯用原料含水率	5%	1.1808÷0.95=1.2430		
19	坯用原料含渣	1%	1.2430÷0.99=1.2555		
20	釉用原料含水率	1%		0.0622÷0.99=0.0629	

序号	考虑因素	指标	计算系数		
			坯料(吨/吨瓷)	釉料(吨/吨瓷)	砖坯(片/片瓷)
21	坯用原料进厂运输损失	2%	1.2555÷0.98＝1.2812		
22	釉用原料进厂运输损失	0.5%		0.0629÷0.995＝0.0632	

① 坯料球磨量(干基)＝(⑰)　坯料球磨量(湿基)＝(⑱)　(⑰、⑱为序号)

② 化浆干料量＝a＋b

③ 进塔干料量＝(⑭)

④ 进塔料浆量＝(⑭)÷(1一料浆含水率)

⑤ 出塔粉料量＝(⑭)÷(1一粉料含水率)

⑥ 塔内干燥水分＝进塔料浆量一出塔粉料量

⑦ 过筛除铁干料量＝(⑯)

⑧ 坯用原料耗用量＝(㉑)

⑨ 釉料球磨量(干基)＝(⑰)　釉料球磨量(湿基)＝(⑳)

⑩ 釉用原料耗用量＝(㉒)

釉料根据工艺要求，有时要分成面釉和底釉。

备注：见表3-3。

表 3-8　大颗粒抛光砖物料衡算表

序号	考虑因素	指标	计算系数		
			基料"白料"(吨/吨瓷)	大颗粒(色料)(吨/吨瓷)	砖坯(片/片瓷)
1	检选包装损失	1%	1÷0.99＝1.0101		1÷0.99＝1.0101
2	抛光破损率	1%	1.0101÷0.99＝1.0203		1.0101÷0.99＝1.0203
3	抛光磨削率	5%	1.0203÷0.95＝1.0740		
4	烧成合格率	95%	1.0740÷0.95＝1.1305		1.0203÷0.95＝1.0740
5	烧失	6%	1.1305÷0.94＝1.2027		
6	干燥损失	1%	1.2027÷0.99＝1.2148		1.0740÷0.99＝1.0848
7	成型损失	1%	1.2148÷0.99＝1.2271		1.0848÷0.99＝1.0958
	废坯回收率	90%	a.(1.2271一1.2027)×90%＝0.0220		
8	基料(白)：大颗粒(色)	95：5	1.2271×0.95＝1.1657	1.2271×0.05＝0.0614	
9	粉料贮运损失	0.5%	1.1657÷0.995＝1.1716	0.0614÷0.995＝0.0617	
10	喷雾干燥损失	3%	1.1716÷0.97＝1.2078	0.617÷0.97＝0.0636	
	细粉回收率	70%	b.(1.2078一1.1716)×0.7＝0.0253	c.(0.0636一0.0617)×0.7＝0.0013	
11	料浆输送损失	0.5%	1.2078÷0.995＝1.2139	0.0636÷0.995＝0.0639	

序号	考虑因素	指标	计算系数 基料"白料"（吨/吨瓷）	大颗粒（色料）（吨/吨瓷）	砖坯（片/片瓷）
12	过筛除铁损失	1%	1.2139÷0.99＝1.2262	0.0639÷0.99＝0.0645	
13	配料球磨损失	1%	1.2262÷0.99＝1.2386	(0.0645－a－b－c)÷0.99＝0.0161	
14	原料含水率	5%	1.2386÷0.95＝1.3038	0.0161×0.97÷0.95＝0.0164	
15	原料含渣	1%	1.3038÷0.99＝1.3170	0.0164÷0.99＝0.0166	
16	原料进厂运输损失	2%	1.3170÷0.98＝1.3438	0.0166÷0.98＝0.0169	

① 球磨量（干基）＝（⑬） 基料球磨量（干基）＝1.2386 色料球磨量（干基）＝0.0161 球磨量（湿基）＝（⑭） 基料球磨量（湿基）＝1.3038 色料球磨量（湿基）＝0.0164 色料球磨添加色剂＝0.0005 （⑬、⑭为序号，表中含义同）

② 化浆量（色料）＝a＋b＋c＝0.0486，化浆添加色剂＝0.0014

③ 进塔干料量＝（⑩）

④ 过筛除铁干料量＝（⑫）

⑤ 原料耗用量＝（⑯）

大颗粒料：基料：色剂＝97：3

成型的大颗粒料，其中：基料＝0.0614×0.97＝0.0596，色剂＝0.0614×0.03＝0.0018

色剂的添加：

化浆（下到化浆池）：a.0.0220×0.95÷0.97×0.03＝0.0006(回收废坯。回收废坯中有95%的基料，它是要添加色剂的。另外5%是色料，不需要添加色剂。)

b.0.0253÷0.97×0.03＝0.0008(基料喷雾塔回收的细粉。基料喷雾塔回收的细粉是不含色剂的，没有必要另外设置一套基料的化浆设备。只要按比例添加色剂，与色料的化浆料一起化浆即可，还可减少色料的球磨量。)

c.色料喷雾塔回收的色料细粉，化浆时不用添加色剂

球磨（下到色料球磨机），0.0161×0.03＝0.0005

备注：见表3-3。

表3-9 岩板物料衡算表

序号	考虑因素	指标	计算系数 坯料(吨/吨瓷)	釉料(吨/吨瓷)	砖坯(片/片瓷)
1	检选包装损失	0.5%	1÷0.995＝1.0050		1÷0.995＝1.0050
2	磨边损失	0.5%	1.0050÷0.995＝1.0101		1.0050÷0.995＝1.0101
3	磨边磨削率	2.5%	1.0101÷0.975＝1.0360		
4	烧成合格率	97%	1.0360÷0.97＝1.0680		1.0101÷0.97＝1.0413
5	坯：釉	95：5	1.0680×0.95＝1.0146	1.0680×0.05＝0.0534	
6	坯料烧失	5.5%	1.0146÷0.945＝1.0737		
7	釉料烧失	1.5%		0.0534÷0.985＝0.0542	
8	装饰(喷墨等)损失	0.5%	1.0737÷0.995＝1.0790	0.0542÷0.995＝0.0545	1.0413÷0.995＝1.0466

序号	考虑因素	指标	计算系数		
			坯料(吨/吨瓷)	釉料(吨/吨瓷)	砖坯(片/片瓷)
9	施釉损失	0.5%	1.0790÷0.995＝1.0845	0.0545÷0.995＝0.0547	1.0466÷0.995＝1.0518
10	施釉工序的釉料损失	5%		0.0547÷0.95＝0.0576	
11	干燥损失	0.5%	1.0845÷0.995＝1.0899		1.0518÷0.995＝1.0571
12	成型切边量	3%	1.0899÷0.97＝1.1236		
13	成型损失	0.5%	1.1236÷0.995＝1.1293		1.0571÷0.995＝1.0624
	a. 废坯回收率	90%	(⑬－⑧)×90%＝(1.1293－1.0790)×90%＝0.0452 注：装饰回收废坯年终一次性处理		
14	粉料贮运损失	0.5%	1.1293÷0.995＝1.1350		
15	喷雾干燥损失	3%	1.1350÷0.97＝1.1701		
	b. 细粉回收率	70%	(⑮－⑭)×0.70＝(1.1701－1.1350)×0.70＝0.0246		
16	料浆输送损失	0.5%	1.1701÷0.995＝1.1760	0.0576÷0.995＝0.0579	
17	过筛除铁损失	1%	1.1760÷0.99＝1.1879	0.0579÷0.99＝0.0585	
18	配料球磨损失	1%	(⑰－a－b)÷0.99＝(1.1879－0.0452－0.0246)÷0.99＝1.1294	0.0585÷0.99＝0.0591	
19	坯用原料含水率	5%	1.1294÷0.95＝1.1888		
20	坯用原料含渣	1%	1.1888÷0.99＝1.2008		
21	釉用原料含水率	1%		0.0591÷0.99＝0.0597	
22	坯用原料进厂运输损失	2%	1.2008÷0.98＝1.2253		
23	釉用原料进厂运输损失	0.5%		0.0597÷0.995＝0.0600	

① 坯料球磨量(干基)＝(⑱)　坯料球磨量(湿基)＝(⑲)　(⑱、⑲为序号，表中含义同)

② 化浆干料量＝a＋b

③ 进塔干料量＝(⑮)

④ 进塔料浆量＝(⑮)÷(1－料浆含水率)

⑤ 出塔粉料量＝(⑮)÷(1－粉料含水率)

⑥ 塔内干燥水分＝进塔料浆量－出塔粉料量

⑦ 过筛除铁干料量＝(⑰)

⑧ 坯用原料耗用量＝(㉒)

⑨ 釉料球磨量(干基)＝(⑱)　釉料球磨量(湿基)＝(㉑)

⑩ 釉用原料耗用量＝(㉓)

本表仅适用于皮带式板材成型系统；釉料根据工艺要求，有时要分成面釉和底釉。

备注：见表 3-3。

3.5 车间工艺设计及主要设备选型

本节以年产 660 万 m² 一次烧内墙砖（规格：600mm×300mm×9mm）设计为例。

3.5.1 原料车间工艺设计

1. 确定工艺流程

首先，确定车间生产的工艺流程。原料车间坯、釉料制备工艺流程分别见图 3-1 和图 3-2。

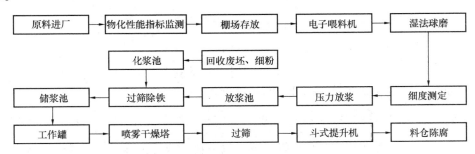

图 3-1　原料车间坯料制备工艺流程

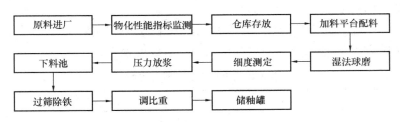

图 3-2　原料车间釉料制备工艺流程

2. 工序加工量计算

1）确定工作制度和每日产量

设定年工作日 330d，每天三班生产。

工厂建设规模为年产 660 万 m² 一次烧内墙砖（600mm×300mm×9mm），日产 20000m²，日产瓷重：20000×0.009×2200＝396t/d（瓷砖比重 2200kg/m³）。

2）工序加工量计算

首先计算物料衡算表（表 3-3），由表得知：

坯料球磨量（干基）＝1.1278（吨/吨瓷），即出厂 1t 合格瓷砖，投入球磨机的干料为 1.1278t。

坯料球磨量（湿基）＝1.1872（吨/吨瓷），即出厂 1t 合格瓷砖，投入球磨机的进厂含水原料为 1.1872t。

化浆干料量＝0.0297＋0.0242＝0.0539 吨/吨瓷

进塔干料量＝1.1529 吨/吨瓷

过筛除铁干料量＝1.1704 吨/吨瓷

坯用原料耗用量＝1.2237 吨/吨瓷

釉料球磨量（干基）＝0.0595 吨/吨瓷　　釉料球磨量（湿基）＝0.0601 吨/吨瓷

釉用原料耗用量＝0.0604 吨/吨瓷

计算各工序的工序加工量：

（1）坯料

① 球磨量（湿基）＝1.1872×396＝470.13t/d

设定球磨料浆含水率为 35%，求料水比：

料（湿基）：水＝1：X

$$含水率＝\frac{X+0.05}{1+X}＝35\%$$

$X＝0.4615$

$W_{球磨料浆}＝470.13×（1+0.4615）＝687.10t/d$

$V_{球磨料浆}＝687.10÷1.69＝406.57m^3/d$（泥浆比重取 $1.69t/m^3$）

干基配料，湿基下料（下球磨量）换算举例：

$$球磨料浆含水率＝\frac{0.4615+0.05}{1+0.4615}×100\%＝35\%（配料按干基，进球磨机按湿基）$$

泥釉料配方时，通常是按干基配料，球磨机下料一般是按湿基，即把进厂含水的原料下到球磨机里，没有必要把进厂原料干燥后再下球磨；否则，就需要很多干燥设备，占很大的干燥场地，同时要消耗很多的能源。

这就存在一个配方的干基量与下球磨机的湿基量的换算问题。

下面就按配方干基 1t 为例，原料配比及相关参数见表 3-10。

表 3-10　原料配比及相关参数

原料种类	A	B	C	D	E	合计
配比（%）	25	25	20	20	10	
下球磨干料量（t）	0.25	0.25	0.20	0.20	0.10	1
进厂原料含水率（%）	15	12	8	5	3	
下球磨原料（湿）量（t）	0.294	0.284	0.217	0.211	0.103	1.109
下球磨原料的含水量（t）	0.044	0.034	0.017	0.011	0.003	0.109
下球磨原料的综合含水率（%）						9.83

设定球磨料浆的含水率为 35%，求料水比。

设料（湿）：水＝1：X

则 $\dfrac{X+0.0983}{1+X}＝35\%$

$X＝0.387$（即加 1t 含水的进厂原料，同时加 0.387t 的水。）

如 40t 球磨机，按配方下 40t 干料，则下球磨机的各种进厂的含水原料和加水的量为

A：0.294×40＝11.76t

B：0.284×40＝11.36t

C：0.217×40＝8.68t

D：0.217×40＝8.44t

E：0.103×40＝4.12t

加水量：0.384×(11.76＋11.36＋8.68＋8.44＋4.12)＝17.167t

即 40t 球磨机，按配方配料 40t 干料，换算成下到球磨机里的含水进厂原料为 44.36t，其中，干料 40t，含水 4.36t，外加水 17.167t，球磨机里干料 40t、水 21.527t，总量为 61.527t。

$$球磨料浆含水率＝\frac{21.527}{61.527}×100\%＝35\%$$

符合预设置。

② 化浆料

化浆干料量＝0.0539×396＝21.34t/d

$W_{化浆料浆}$ ＝21.34÷(1－35%)＝32.83t/d(含水率 35%)

$V_{化浆料浆}$ ＝32.83÷1.69＝19.43m³/d

③ 塔内干燥水分

进塔干料量＝1.1529×396＝456.55t/d

$W_{进塔料浆}$ ＝456.55÷(1－35%)＝702.38t/d(含水率取 35%)

$W_{出塔粉料}$ ＝456.55÷(1－6%)＝485.69t/d(含水率取 6%)

塔内干燥水分＝$W_{进塔料浆}$ －$W_{出塔粉料}$ ＝702.38－485.69＝216.69t/d

$W_{进料仓粉料}$ ＝485.69×97%＝471.12t/d(粉料产率取 97%)

$V_{进料仓粉料}$ ＝471.12÷0.9＝523.47m³/d(粉料容重取 0.9t/m³)

④ 过筛除铁

过筛除铁干料量＝1.1704×396＝463.48t/d

$W_{过筛除铁料浆}$ ＝463.48÷(1－35%)＝713.05t/d(含水率 35%)

$V_{过筛除铁料浆}$ ＝713.05÷1.69＝421.92m³/d

⑤ 坯用原料耗用量＝1.2237×396＝484.59t/d

(2) 釉料

① 釉料球磨量(湿基)＝0.0601×396＝23.80t/d

球磨料水比：

料：水＝1：0.65

$$釉浆含水率＝\frac{0.65＋0.01}{1＋0.65}×100\%＝40\%$$

釉浆密度为 1.60t/m³

$W_{球磨釉浆}$ ＝23.80×(1＋0.65)＝39.27t/d

$W_{球磨釉浆}$ ＝39.27÷1.60＝24.54m³/d

② 过筛除铁

过筛除铁干料量＝0.0589×396＝23.32t/d

$W_{过筛除铁料浆}$ ＝23.32÷(1－40%)＝38.87t/d(含水率 40%)

$V_{过筛除铁料浆}$ ＝38.87÷1.6＝24.29m³/d

③ 釉料耗用量＝0.0604×396＝23.92t/d

3. 主要生产设备选型及计算

在完成物料衡算和工序加工量计算，并选定车间工作制度以及有关工艺参数和定额的基础上，确定设备的型号和规格，再经过计算确定设备的台数。

设备选型应遵循"先进、实用、能耗低、效率高"的原则。设备的选择应考虑系列化、标准化、统一性、互换性及机械化和自动化。生产车间设备的设计与生产能力要相互协调，关键设备（三班连续运转的主要设备）设计的生产能力宜留有 10%～20% 的富余量。

1）坯料生产设备选型及计算。

（1）球磨机

球磨机配料是按干基，下料是湿基（进厂的含水原料），所以计算球磨机台数时，球磨量要用干基量。

① 间歇式球磨机

每天球磨量是 446.61t（1.1278×396），球磨周期取 14h，其中球磨时间 10h、进出料 4h，每天 3 班连续工作。

$$\frac{446.61 \times 14}{24 \times 80} \times 1.15 = 3.75（台）$$

故选 4 台 80t 球磨机。

大型球磨机效率高、节能，完成一定量球磨任务时，尽可能选装载量大的球磨机，这样大型球磨机总的占地面积会小于小型球磨机总的占地面积，而且总的耗电量也会小，但也不能选太大的，应考虑球磨机启动电流的因素，一般来说，球磨机 4～6 台比较合适。如果球磨机出现故障需停机检修，一般对产能的影响不大于总产能的 25%～30%，这样在较短的检修期内，全厂可以维持正常生产，不至于全线减量生产。

② 连续式球磨机

长期以来，墙地砖生产普遍采用间歇式球磨机破碎原料。间歇式球磨机操作简单，生产可控性较好，是我国传统的陶瓷生产原料破碎方式。它的不足之处在于易造成细料如泥料的过度研磨，所需球磨周期较长，研磨效率较低，单位产品能耗大，无法实现加料、加水、球磨及出料等生产工序的自动化。连续式球磨机通常被筛板分隔成 2～3 个研磨腔，或是由数个研磨筒体串联组成，物料由加料端进入筒体后，依次经各研磨腔体逐级细碎研磨，通过调整各研磨腔体内的研磨介质的配比，可取得最佳研磨效果，能达到所需的粒度和粒度级配的要求。同样的产能前提下，连续式球磨机与间歇式球磨机相比，电力消耗可下降 20%～30%，占地面积节约 30% 以上。连续式球磨机可通过微机控制加料、加水、研磨和出料，基本上可实现集中控制操作，降低工人的劳动强度，减少人工费用。因此，

图 3-3　连续式球磨机

连续球磨机具有产量大、效率高、单位产品能耗低、泥浆含水率低、占地面积小、自动化程度高、生产管理费用低等优点。连续式球磨机的主要不足是，料浆配方的稳定性和均匀性与间歇式球磨机相比有一定差距，必须通过后续大型均化处理工艺，使之满足工艺生产要求，消除差距。连续式球磨机如图 3-3 所示。

连续式球磨工艺分混料式和分料式两种。混料式连续球磨是将原料按坯料配方要

求配好料，然后球磨加工，其生产工艺流程见图 3-4；分料式连续球磨是按软质原料和硬质原料分别球磨，然后按坯体配方要求的配比进行混浆、调浆和均化，以达到生产要求，其生产工艺流程见图 3-5。

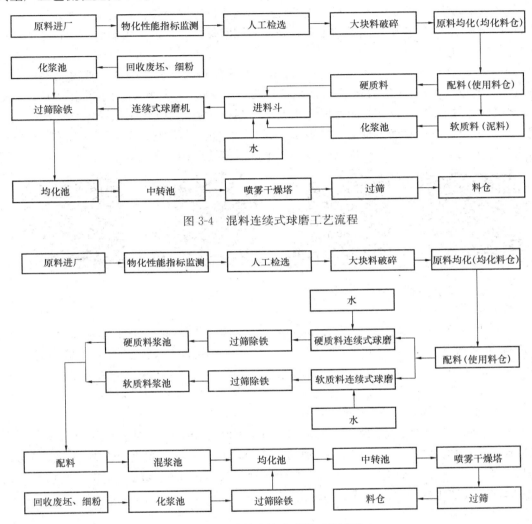

图 3-4　混料连续式球磨工艺流程

图 3-5　分料连续式球磨工艺流程

为了坯料配方的准确性、稳定性和均匀性，需要对进厂原料采取一些有效的处理措施。原料进厂首先要目测原料外观，去除用目测就能辨认出的不合格的原料。当原料的外观有变化，但肉眼观察不能确认时，煅烧试样符合要求后再签收。进厂的大块硬质原料经破碎至过 8 目筛，破碎前要经人工分选，除去含杂质较多的原矿，以提高产品的纯度和白度，然后送到棚场均化。棚场划分若干个仓位，按照原料同种同仓堆放原则，每种原料最少有 2 个仓位以上，以便循环使用。均化场的原料储存量一般为软质料（土状）4～5 个月，硬质料（石状）2～3 个月。同种原料按进厂时间顺序分层平铺（每层 400mm 左右，堆高 2000mm 左右），使用时竖切取料。当某种原料在均化场满仓后，从顶上多个位置垂直取样试验，以便指导调整配方。原料完成配方试验后，在使用前 1～2 周，从均化料仓转运到使用料仓堆放，以便进一步混合，并使水分稳定。

根据生产品种、产品的产量以及进厂原料的形态和易磨程度选择不同的工艺路线，一般来说产量大的可选连续式球磨；产量小的，特定配方或色料品种可选间歇式球磨。配料中原料易磨程度相差大的可选分料式连续球磨，然后进行混料均化；混料式连续球磨，软质料（泥料）可单独化浆，然后与细颗粒硬质料同时球磨。目前，陶瓷墙地砖行业的连续磨多为混料式连续球磨。

连续式球磨机是以每小时生产能力（t/h）来选择和确定的，因此，首先要确定全厂每日的球磨量（干基），然后除以 21（每日有效工作时间），或者除以 24 再乘以 1.1～1.2（富余系数），即得出工厂每日每小时的需要球磨量（干基），以此来选择连续式球磨机的规格型号，再通过计算确定球磨机的数量。（附教学图片二维码 连续配料系统、连续球磨机球磨子及辅料加入口）、（附教学视频二维码 连续配料、原料球磨）

（2）下料池（间歇式球磨机用）

每天球磨料浆体积为 406.57m³。

选择 ϕ5500 型平桨搅拌机，$\phi_{池}$6000mm，池深 5000mm，$\phi_{桨叶}$5500mm，10r/min，11kW，有效容积为 120.11m³，则 406.57÷120.11＝3.39，故需要选 4 个该规格的下料池。

（3）化浆池

每天化浆料浆体积为 19.43m³。

选择 ϕ630Ⅱ型螺旋搅拌机，$\phi_{桨叶}$630mm，300r/min，7.5kW，$\phi_{池}$2300mm，池深 1700mm，有效容积为 5m³，Ⅱ型八角池，选 1 个，1 个池一班能化 4 次浆，一天三班可化 12 次浆。本设计一天只要化 4 次，1 个化浆池足够。由于化浆池是利用螺旋搅拌机的搅拌原理来实现化浆的，故应选择高速搅拌。

（4）储浆池

每天过筛除铁后料浆体积为 421.92m³。因储存除铁后的料浆，故搅拌机的轴、叶应采用不易生锈的材料。

ϕ7000 型平桨搅拌机，$\phi_{桨叶}$7000mm，$\phi_{池}$8000mm，池深 5000mm，7r/min，15kW，有效容积为 213.52m³，选 4 个。

考虑泥浆的陈腐和均化，储浆两天的量，储浆池尽可能选大一点的，有利于泥浆的均化，可减少因进厂原料组成成分的差异造成的色差。

下料池、储浆池的数量至少各要 2 个以上，如果只有 1 个，搅拌机出了故障，就可能要全厂停产待修。

（5）振动筛、除铁器

每天过筛除铁料浆的重量是 713.05t。

选用 Zj6090-2 型振动筛和 CCX-20 槽型除铁器，它们每小时的生产能力为 20t。

过筛除铁工序每天三班，每班 8h。振动筛、除铁器每隔 20～30min 要停机冲洗，所以它们每班的有效工作时间按 6h 考虑。

$713.05 \div 3 \div (20 \times 6) = 1.98$ 组

选 3 台振动筛、3 台除铁器，分别两两串联成 3 组，3 组以并联形式运作，其中 2 组使用、1 组备用（更换筛网等）。（附教学视频二维码　振动过筛）

（6）喷雾干燥塔

每天塔内干燥水分是 216.69t。

$216.69 \div 24 \times 1.2 = 10.83$ t/h

或 $216.69 \div (3 \times 7) = 10.32$ t/h（每班有效工作时间为 7h）

选 11000 型喷雾干燥塔 1 座，每 h 干燥水分 11000kg。考虑到生产组织安排及场地等因素，也可选择数个喷雾干燥塔，如选 4000 型和 7000 型各 1 座等。（附教学视频二维码　喷雾干燥）

（7）输浆泵

每日储浆体积为 421.92m^3，有效工作时间为 21h，则 $421.92 \div 21 = 20.09$m^3/h。

选用气动隔膜泵 QBY-80 型。

流量为 0～24m^3/h，扬程为 0～50m，吸程为 7m，最大供气压力为 7kg/cm^2，最大空气消耗为 1.5m^3/min。

下料池⇒过筛除铁⇒储浆池，一池一泵，4 个下料池，共 4 台输浆泵。

化浆池⇒过筛除铁⇒储浆池，一池一泵，共 1 台输浆泵。

储浆池⇒工作罐，一池一泵，4 个储浆池共 4 台输浆泵。

合计选用 9 台 QBY-80 型气动隔膜泵。

（8）柱塞泵

每月输往喷雾塔的料浆为 421.92m^3。

$421.92 \div 21 = 20.09$m^3/h

选用 YB200-24 型柱塞泵 2 台。该设备密封件较易磨损，使用中要进行更换及维护，故选 2 台，一用一备。

流量：24m³/h

压力：2.0MPa

电机功率：22kW

（附教学视频二维码　柱塞泵加压）

（9）料仓

每天进仓粉料为 471.12t、523.47m³。

粉料需闷料（陈腐）一天，加上进出料各一天，考虑三天的储备量。

523.47×3＝1570.41m³

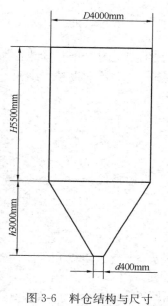

图 3-6　料仓结构与尺寸

料仓结构与尺寸见图 3-6。

$$V_{料仓} = 0.85 \times \left\{ \pi \left(\frac{D}{2}\right)^2 \times H + \frac{1}{3}h\pi \left[\left(\frac{D}{2}\right)^2 + \left(\frac{d}{2}\right)^2 + \frac{D}{2} \times \frac{d}{2} \right] \right\}$$
$$= 70.57m^3$$

1570.41÷70.57＝22.25 个

需选 23 个。考虑到生产储存粉料及原料变更对粉料的备用需求，工厂料仓的实际数量均大于设计计算值。（附教学视频二维码　料仓陈腐）

另外，皮带运输机、粉料提升机等，待车间布置定下来后才能确定。

2）釉料生产设备选型及计算

（1）釉料球磨机

每天釉料球磨量（干基）为 23.56t（0.0595×396），球磨周期为 22h。

$$\frac{23.56 \times 22}{24 \times 8} \times 1.2 = 3.24（台）$$

选用 8t 球磨机 4 台。

（2）下料池

每天球磨釉浆体积为 24.54m³。

选 2 个配 φ750 螺旋搅拌机、有效容积为 10m³ 的 Ⅰ 型八角池。

池深 2000mm，φ池 3000mm，φ搅拌机浆叶 750mm，搅拌机转速 165r/min，电动机功

率 7.5kW。

由于釉料下料池的主要作用为釉料中转，其容积达到加工釉料体积的 60% 即可。釉料一边进一边出，没有必要存一天的量。

（3）储釉池

每天过筛除铁进入储釉池的体积是 24.29m³。

考虑釉浆的陈腐，釉料应储存三天的量。

选用配 ϕ2700/Ⅰ型平桨搅拌机的圆池 3 个。$\phi_{搅拌机桨叶}$ 2700mm，$\phi_{池}$ 3100mm，池深 4000mm，有效容积 25.65m³，电动机功率 4kW。

搅拌机转速为 17r/min。搅拌机的轴、叶应采用不易生锈的材料。

（4）过筛除铁

每天过筛除铁釉浆的重量是 38.87t。

选用振动筛 TCS680-2、除铁器 SH-XTQ-Ⅱ，它们的生产能力为 3t/h，每天三班生产。考虑到除铁器每 30min 要停机冲洗，因此每班有效工作时间为 6h，则：

$$38.87 \div 3 \div （3 \times 6）＝0.72 组$$

选用 2 台振动筛、4 台除铁器。1 台振动筛与 2 台除铁器分别串联组成 2 组，2 组以并联形式运作，一用一备。

3.5.2 成型烧成车间工艺设计

现代墙地砖生产，成型和烧成两大工序是分不开的，它们通过传送带连接，组成了墙地砖自动生产作业线，所以称为成型烧成车间，简称"成烧车间"。

1. 确定工艺流程

成型烧成车间的生产工艺流程见图 3-7。

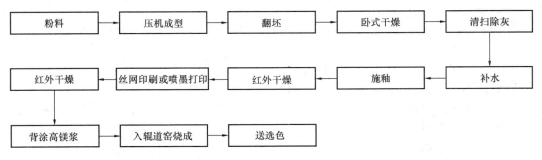

图 3-7 成型烧成车间工艺流程

2. 工序加工量计算

1）确定工作制度和每日产量

年工作日 330d，每天三班生产。

工厂建设规模为年产 660 万 m²，一次烧内墙砖（600mm×300mm×9mm），日产合格瓷砖 20000m²，111112 片。

2）工序加工量计算

计算成型工序以后的各工序砖坯片数加工量时，谨记与砖坯片数无关、仅与砖坯重量有关的可不算，如抛光磨削量、坯釉料烧失量等。

由表 3-3 得知：

成型量＝1.1069 片/片瓷

即出厂 1 片合格瓷砖，成型工序需要压制 1.1069 片砖坯。

干燥量＝1.0958 片/片瓷

施釉量＝1.0849 片/片瓷

印花量＝1.0740 片/片瓷

烧成量＝1.0633 片/片瓷

计算各工序的工序加工量：

① 成型量＝1.1069×111112＝122990 片/天

② 干燥量＝1.0958×111112＝121757 片/天

③ 施釉量＝1.0849×111112＝120546 片/天

④ 印花量＝1.0740×111112＝119335 片/天

⑤ 烧成量＝1.0633×111112＝118146 片/天

3. 主要生产设备选型及计算

1）全自动液压压砖机

选用 KD3800 全自动液压压砖机。

公称压制力 38000kN，即 3873598kgf。（1kgf＝9.81N）

两立柱之间净距为 1750mm，动梁工作台面宽度为 1300mm，压制频率≤18 次/min。

动梁工作台面宽度确定压砖的排数，两立柱之间的净距确定一排可压的片数，两者的乘积就是压机压一次的片数。一般情况下，砖坯之间的间距为 50～80mm，砖坯与模具边沿间距为 100～150mm。

成品砖尺寸为 600mm×300mm×9mm，压制后砖坯尺寸为 660mm×330mm×9.8mm，通过计算可压一排，一排 4 片，即一次可压 4 片。

压力要求：内墙砖＞250kg/cm^2，一般地砖＞330kg/cm^2，瓷质砖＞410kg/cm^2。

$$\frac{3873598}{66\times33\times4}=444.63 \text{kg/cm}^2$$

符合要求。

压制频率一般按标称频率的 50％～60％选取，如果是多次加料，选取压制频率还要更低。本设计选取每分钟压 10 次。

每天需要压制砖坯 122990 片，每天三班生产，每班有效工作时间为 7h，则压机台数为

122990÷（4×10×60×7×3）＝2.44 台

其中，4 为一排模件数、10 为压制频率、60 为每小时分钟数、7 为每班有效工作时间、3 为三班生产班制。

或 122990÷（4×10×60×8×3）×1.2＝2.56 台

如果每班按 8h 工作时间计算，则应该考虑压机维护与模具更换等因素的影响，须乘以 1.1～1.2 的保险系数。

选用 3 台 KD3800 型压砖机。　　（附教学视频二维码　压制砖坯）

2）卧式干燥窑（干燥器）

通常是先选定合适的窑内宽，然后通过计算确定窑炉的长度。

每天干燥砖坯 121757 片，进窑尺寸为 660mm×330mm×9.8mm。

选窑内宽为 2900mm，标准单元长度为 2200mm，干燥周期为 45min。

$$窑容量 = \frac{日进窑量（片/d）×干燥周期}{24×60}（片/窑）$$

$$装窑密度 = 每米排数×每排片数（片/每米窑长）$$

$$每米排数 = \frac{1000}{进窑砖坯纵向尺寸+排间距}（排/米）$$

$$每排片数 = \frac{窑有效内宽}{进窑砖坯横向尺寸}（片/排）（取整数）$$

$$窑长 = \frac{窑容量（片/窑）}{装窑密度（片/每米窑长）}×1.2——按片数计算$$

注意：如果窑容量的单位是 m^2/窑，则装窑密度的单位也要与之一致，即 m^2/每米窑长。这时就需要把每米窑长装的砖坯的片数乘以每片成品砖的面积，而不是每片进窑砖坯的面积。因为窑容量计算中日进窑面积是以成品面积为基础计算的，如果用了进窑砖坯的面积计算，那么进窑砖坯的实际数量就少了，如果窑容量是片/窑，则装窑密度就不需要换算成面积了。

为保证辊道式窑炉正常运行，运行中的制品始终有 3 根以上的辊子支撑砖坯。一般来说，当制品纵向长度小于 100mm 时，须在辊道上加垫板，制品排放在垫板上。

砖坯与窑内壁的间距一般控制在 100～200mm，8 块进窑砖坯的宽度 = 330×8 = 2640mm，窑的内宽是 2900mm，所以砖坯与窑内壁的距离有 130mm，符合要求。干燥窑内排与排的间距通常在 50～150mm，取值由产品规格、辊棒直线度、辊道窑控制水平等因素决定。

$$窑长 = \frac{\frac{121757×45}{24×60}}{\frac{1000}{660+50}×8}×1.2 = 405.22m$$

405.22÷2.2 = 184.19 节，取 185 节。

则实际窑长：2.2×185 = 407m

窑头窑尾传动部分的长度要等车间工艺布置定了才能最后确定。（附教学视频/图片二维码 坯体干燥、多层干燥窑）

3）施釉线运行速度

每天施釉砖坯 120546 片，砖坯干燥后尺寸为 647mm×323mm×9.6mm。

在施釉线上砖坯横放，砖坯间距为 300mm。

$$V = 120546 \times (323+300) \div 1000 \div 24 \div 60 = 52 \text{m/min}$$

施釉线的运行速度是选择施釉线数量的依据，一般情况下施釉线速度控制在 20～35m/min，其线速度的选择与产品规格、品种及生坯强度相关联，基本规律是砖型越大，施釉线速度相对较低，生坯强度越高，施釉线速度可适当提高。

该设计的产品为 600mm×300mm×9mm 一次烧内墙砖，选施釉线速度为 30m/min

则施釉线数量＝52÷30＝1.73 条，故选用 2 条施釉线。（附教学视频二维码　淋釉、喷墨打印、刮边干燥）

4）辊道窑

每天烧成砖坯 118146 片，进窑砖坯尺寸为 647mm×323mm×9.6mm，选用窑内宽为 2900mm，标准单元长度为 2200mm，烧成周期为 55min。

砖坯与窑内壁的间距控制在 100～200mm，进窑 8 块砖坯一排，它的宽度＝323×8＝2584mm，窑内宽 2900mm，砖坯与窑内壁的间距是 158mm，符合要求。排之间的间距取 50mm，辊道窑内排与排的间距通常在 50～100mm，取值由产品规格、辊棒直线度、辊道窑控制水平等因素决定。

$$窑长 = \frac{窑容量（片/窑）}{装窑密度（片/每米窑长）} \times 1.2$$

$$= \frac{\dfrac{118146 \times 55}{24 \times 60}}{\dfrac{1000}{647+50} \times 8} \times 1.2$$

$$= 471.78\text{m}$$

471.78÷2.2＝214.45 节，取 215 节。

则实际窑长：2.2×215＝473m

窑头窑尾传动部分的长度，要等车间工艺布置定了才能最终确定。（附教学视频二维码　辊道窑烧成）

表 3-11 是年产 660 万 m² 一次烧内墙砖（600mm×300mm×9mm）生产线的主要设备。

表 3-11　内墙砖生产线主要设备

列号	设备名称	型号规格或主要参数	数量	单机功率（kW）
1	电子喂料机（台）	TQ1530	2	3
2	坯料球磨机（台）	装料量 80t	4	250
3	螺旋搅拌机（台）	φ630 Ⅱ 型　300r/min　配 5m² 八角池	1	7.5
4	平桨搅拌机（台）	φ5500　10r/min 配 120m³ 圆池	4	11
5	平桨搅拌机（台）	φ7000　7r/min 配 213m³ 圆池	4	15
6	振动筛（个）	Zj6090-2 生产能力 20t/h	3	
7	槽型除铁器（个）	CCX-20 生产能力 20t/h	3	
8	喷雾干燥塔（座）	11000 型　干燥水分 11000kg/h	1	370
9	输浆泵（个）	QBY-80 流量 0～24m³/h	9	
10	柱塞泵（个）	YB200-24 流量 24m³/h	2	22
11	粉料料仓（座）	料仓有效容积 70.57m³	24	
12	釉料球磨机（台）	装料量 8t	4	55
13	螺旋搅拌器（个）	φ750 Ⅰ 型　165r/min　配 10m³ 八角池	2	7.5
14	平桨搅拌机（台）	φ2700/1 型　17r/min　配 35.65m³ 圆池	3	4
15	振动筛（个）	TCS680-2 生产能力 3t/h	2	2.2
16	除铁器（个）	SH-XTQ-Ⅱ　生产能力 3t/h	4	1
17	自动液压压砖机（台）	KD3800	3	132
18	卧式干燥窑（座）	窑内宽 2900mm，窑长 407m	1	
19	施釉线（条）	配备各种砖坯加工设备	2	
20	烧成辊道窑（座）	窑内宽 2900mm，窑长 473m	1	

3.5.3　机加工车间的工艺设计

墙地砖的机加工，是指砖坯烧成之后，对其进行磨、抛光及切割之类的加工，使瓷砖的尺寸和规整度（长度、宽度、厚度、边直度、直角度、平面平整度）得以保证，表面质量得以提高。

下面以渗彩抛光砖的机加工——抛光为例，予以说明。

1. 确定工艺流程

机加工车间工艺流程见图 3-8。

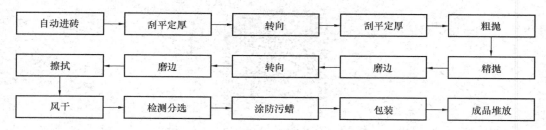

图 3-8 机加工车间工艺流程

2. 工序加工量计算

1) 确定工作制度和每日产量

年工作日 330d，每天三班生产。

工厂建设规模为年产 660m² 渗彩抛光砖（600mm×600mm×9mm），日产合格瓷砖 20000m²，55556 片。

2) 工序加工量计算

首先计算物料衡算（表 3-6），由表得知：

抛光量＝1.0203，即出厂 1 片合格抛光砖，抛光工序需要抛 1.0203 片烧成的瓷砖。

抛光量＝1.0203×55556＝56684 片/d。

烧后瓷砖尺寸为 607mm×607mm×9.2mm。

3. 主要生产设备选型及计算

选 800 型抛光作业线，由 2 台刮平定厚机、2 台抛光机、2 台磨边倒角机，以及自动进砖机、防污打蜡机等组成。产品加工范围为 500～800mm，输送带速度为 3～9m/min，总装机功率为 800kW，总耗水量为 2340L/min，总耗气量为 800L/min，总长度为 110m 左右。

每天需要抛光的面积：0.607×0.607×56684＝20885.16m²。

选用的抛光线输送带速度取 7.5m/min。

则该抛光线一天可抛光面积：

7.5×60×24×0.607＝6555.6m²

抛光线开机率为 80%～90%，取 85%。

则该抛光线一天实际可抛光面积：

6555.6×0.85＝5572.3m²

需抛光线条数：20885.16÷5572.3＝3.75 条，选用 4 条。（附教学视频二维码　磨边抛光打蜡、防污打蜡）

3.6 车间工艺布置

车间工艺布置的任务是确定车间的厂房布置和设备布置，按照生产工艺流程要求进行生产工段（或工序）和设备布置。其基本原则是：使生产流程顺畅、简捷、紧凑、安全，尽量缩短物料的运输距离，避免交叉往返运输，充分考虑设备安装、操作和检修的方便，同时应符合国家防火、卫生、安全标准，并满足土建及其他专业对布置的要求。

厂房布置包括平面布置和竖向布置。车间平面布置就是把在工艺设计中选用的所有生产设备、辅助设备，结合总平面布置要求，按生产工艺流程要求布置在车间里，由此确定车间厂房的长度和宽度，选择经济、合理、适用的厂房柱网布置（跨度和柱距），选择的柱网应符合建筑模数要求。竖向布置就是确定厂房的层数和层高，以及设备管道等在高程（标高）方面的要求。厂房柱网布置和层高应符合建筑模数要求。

3.6.1 厂房布置方式

厂房布置通常采用集中式布置和分散式布置两种形式。集中式布置，即将主要生产车间（或工段）放在一个联合车间内；分散式布置，即将各主要生产车间（或工段）分别设计成独立的厂房，用输送设备将各主要生产车间（或工段）连接起来。陶瓷厂的厂房布置，两种方式均可采用。墙地砖生产通常采用集中式布置，厂房一般采用钢筋混凝土结构或钢架结构。原料加工部分由于粉尘多、噪声大，可设计成独立的厂房。

3.6.2 设备布置的基本原则

设备布置就是要把车间内的各种设备，包括主要设备、附属设备、工艺管道、检修设备以及各种连接件和料仓等按照工艺流程要求加以定位，确定设备与厂房建筑物的关系，以及设备与设备之间的相对位置。设备的布置应根据工艺流程顺序来进行，应符合流水作业的要求。设备与设备之间、操作位置与操作位置之间、设备与建筑物墙及柱之间要留有适当距离。设备净距及通道规定见表 3-12。

表 3-12 设备净距及通道规定 (m)

名称	操作面	非操作面
设备之间净距	1.5～3.0	0.8～1.2
设备与墙或柱之间净距	1.5～2.0	0.8～1.0
手推通道	1.5～2.0	
叉车通道	2.5～3.0	

同时要求布置紧凑，避免物料运输交叉往返。设备布置还应考虑设备间的生产平衡问题，如设备检修时引起暂时的生产不平衡、连续生产和间歇生产设备或工序之间的平衡问

题，以保证生产的连续进行，满足生产工艺的要求。总之，设备布置应力求做到既满足流程顺畅又整齐美观，既方便安装、操作和维修，又便于管理和运输。

3.6.3 原料车间工艺布置

1. 工艺特点

（1）原料车间产品为合格的喷雾造粒粉料，生产加工量大、运输量大、机械化程度高。

（2）用水量和排水量大、地面管路多、地沟也多。

（3）为防止原料污染，要求车间保持清洁。为防止管道冻塞，寒冷地区应考虑采暖。

（4）球磨及喷雾造粒工序会产生粉尘与噪声，须设置防尘设备和降噪措施。

2. 工艺布置原则和要求

原料车间工艺布置除了遵循车间工艺布置的基本原则和要求外，还应结合本车间的工艺特点，满足如下原则和要求：

（1）原料车间宜布置在既靠近原料仓库和原料堆场又靠近成型车间的位置。

（2）原料车间的外形多为长方形，便于机械化、自动化，又可节省占地面积。

（3）原料车间多采用管道运输，除考虑设备检修间距外（在无行人地段，设备的检修间隙应不小于 800mm），不必留有很大的走道面积。

（4）球磨机工段的地面设计应有一定坡度，以便定期冲洗，车间内的地沟应布置在球磨机之后，并采用水泥沟盖板。

（5）车间内应设备品备件房和简易设备维修间。

（6）原料车间为全生产线设备动力负荷集中地区，故变、配电室应靠近该车间，若有条件可设置车间变电所。

（7）原料车间的布置还应考虑收尘设备、生活间、质量控制室以及车间办公室等所需面积和位置。

3. 原料仓库的布置

（1）原料仓库的位置应靠近公路，以便原料进厂和入库，同时又要靠近原料车间，以便原料的使用，一般布置在厂区边缘并靠近交通干道附近。

（2）考虑原料的品种、性质、来料运输条件、装卸方法及贮量等因素，根据不同原料的要求，确定是否分级堆放；仓库主要设备的布置应根据仓库的装备水平，机械化、自动化程度，以充分发挥设备作用为原则，其布置方式取决于运输设备。

（3）用量大的主要原料，应堆放在原料库出入口附近，以缩短运输距离。

（4）分格的堆料仓不应过长，一般深度不超过 15m，宽度主要由原料耗用量与储备量来决定，一般不超过 10m，隔墙的高度一般为 3.0～4.5m，堆料高度在 2.5～3.5m。

（5）原料的入库及出库均由铲车来进行相关操作，因而在原料库内应设置铲车停放位置。

陶瓷实际生产的原料仓库见图 3-9。（附教学视频二维码　原料堆场、铲车上料、皮带机输送）

图 3-9　原料仓库

4. 球磨机、加料系统及放浆池的布置

墙地砖厂产量都比较大，坯料的混合细磨大都采用大吨位的间歇球磨机。为了提高加料效率、减少加料时间，大型球磨机均采用机械加料。一般来说，大型球磨机加料根据进料方式有两种方式：中部进料和端部进料。

中部进料，即加入球磨机的原料是从球磨机加料区域的中间把原料输送到加料平台，再采用可逆移动式皮带运输机，由皮带运输机在加料平台的轨道上来回移动，对准平台上的加料口，通过加料斗，由皮带运输机端部的下料口逐个给球磨机加料，因此，皮带运输机要安放在平台加料口的正上方。皮带运输机的长度仅比加料区域长度的一半稍长即可。

端部进料，即加入球磨机的原料是从球磨机加料区域的一端把原料输送到加料平台，然后通过固定在平台加料口旁边的皮带输送机给球磨机加料。皮带输送机上对着加料口处均有一挡板，当某加料口要加料时，把此处挡板放下，此时，皮带在继续运行，原料就被挡板挡住，并从皮带的一边挤下，掉到安放在平台下料口的料斗里进入球磨机。不加料时，把挡板竖起或移开即可。因此，皮带运输机要安放在平台下料口的旁边，不能在下料口的正上方。皮带输送机的长度与加料区域的长度一致，要能到达该区域所有的加料口。

采用何种进料方式，主要取决于电子喂料机的位置，要保证从喂料机出口输送到加料平台的斜皮带与地面的角度要小于 $20°$。

陶瓷墙地砖原料车间球磨机分两类：一类是球磨坯料的球磨机，另一类是球磨釉料的球磨机。根据产量，坯料球磨机常用规格为 20t、30t、40t、60t、80t、100t，放浆池一般采用设置在地下的形式，原则上 2 个球磨机共用 1 个放浆池；依据产品类别不同，釉料球磨机通常有 1t、2t、5t、8t 和 10t 球磨机，釉料球磨后，通常用储釉罐储备，而不采用地下釉料池。原料车间在球磨工位都设置有下料平台，原料配料后由喂料机和皮带机输送至下料平台上的球磨机加料斗，进入各球磨机内进行球磨破碎。球磨机布置时，根据球磨机的数量及加料方式，可以布置成一排或两排。球磨机位置布置参见图 3-10。其中，A、B、C、D 的尺寸应依据球磨机的规格来确定，同时满足表 3-12 的要求。

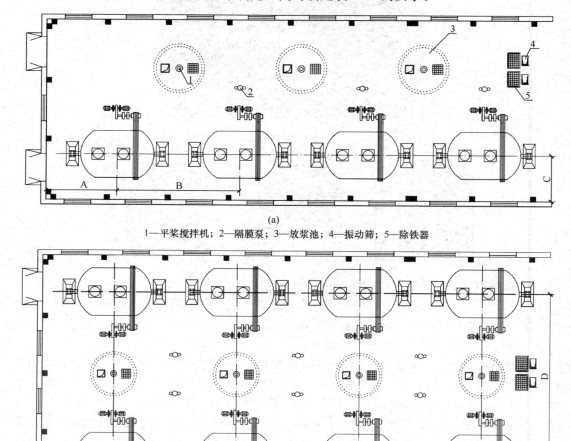

(a)

1—平浆搅拌机；2—隔膜泵；3—放浆池；4—振动筛；5—除铁器

(b)

图 3-10　球磨机位置布置

（a）球磨机线排列布置；（b）球磨机对称布置

　　陶瓷墙地砖球磨机的布置常用对称两排排布方式，放浆池对称布置在两台相对的球磨机中间位置。两排布置时可以布置在厂房的两边，中间放置放浆池。也可以把两排球磨机集中布置在相邻位置。球磨机下料斗的倾斜角度一般不小于 60°。球磨机出料口距地面一般以 500mm 为宜，并以此来决定球磨机中心至地面距离。球磨机工段布置中，必须考虑球磨机研磨体、废坯料的堆放面积及加入球磨机的措施。此外，球磨工段还必须设置起吊设备，供安装维修之用。起吊设备可根据最大部件的质量选型。

　　支撑加料平台的柱子应放在两台球磨机之间，不可放在球磨机正面。球磨机转动的筒体距离墙、柱应大于 1.2m（非操作面），操作面的净空距离应大于 3.0m，而且应比筒体直径大 0.5m。（附教学图片二维码　喂料机）

5. 喷雾干燥塔的布置

喷雾干燥工段的布置除考虑喷雾干燥塔体的位置外，还应考虑热风炉、供浆系统、风机、除尘器和粉料回收设施等的布置。喷雾塔布置位置关系如图 3-11 所示，其中，A、B、C 尺寸应满足表 3-12 的规定。

喷雾干燥塔的塔体离墙、柱的净距要大于塔体的半径，以便于喷雾塔喷枪的维护和更换。

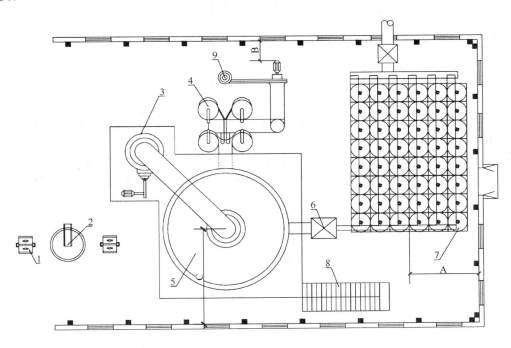

图 3-11　喷雾干燥塔布置

1—柱塞泵；2—工作罐；3—热风炉；4—旋风分离器；5—喷雾干燥塔；

6—斗式提升机；7—料仓；8—楼梯；9—风机

（附教学图片二维码　粉料仓、喷雾干燥塔）

6. 其他布置

1）浆池的布置

原料车间浆池分三种，放浆池、储浆池和化浆池。放浆池的布置方式有两种，依据球磨机的摆放位置，一种是布置于对称排布的两球磨机中间，另一种是布置于线性排布两台球磨机同一个侧的中间位置，这样可实现 2 台球磨机共用 1 个放浆池，方便生产工人操作，也提高了放浆池的利用率；储浆池应布置于放浆池和喷雾干燥塔之间；化浆池由于体积较小，布置相对灵活，化浆后的泥浆需再次进行除铁及过筛，因此化浆池应靠近放浆池布置。

在布置浆池时应注意，没有处理的泥浆池（如化浆池、放浆池）与已处理后的泥浆池（如储浆池）应相隔一定的距离，避免相互污染。

浆池应有 2 个入口，其中至少要有 1 个人通行的孔（不小于 600mm×600mm），这样人与搅拌机的部件才能进到搅拌池里面，而且可以在池子里面操作。如果只有 1 个入口，里面的空气不流通，维修、清理操作人员无法正常工作。

浆池的入口应在入口处四周筑一道 70mm×70mm 的水泥凸台，以免地面的脏水流入池内。

2）粉料仓的布置

粉料仓的个数由喷雾粉料的闷料时间和储备量决定，考虑到粉料的额外储备（如订单完成后剩余的粉料）和生产管理储备（如原材料变更的因素）的要求，实际粉料仓的个数可在理论计算值基础上放大 30％左右。粉料仓的结构可采用圆锥体和立方锥体两种形式设计，见图 3-12。考虑到场地利用率，粉料仓通常集中排布，整体料仓离地面 1.6～2.4m，以方便粉料输送系统皮带机的布置。单个粉料仓装载粉量一般不宜超过 60t。

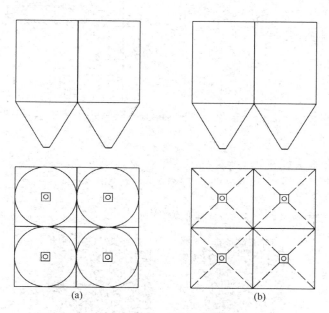

（a） （b）

图 3-12 圆锥粉料仓（a）与立方锥粉料仓（b）

7. 原料车间工艺布置实例

见附录三：某陶瓷公司墙地砖生产线工艺平面布置图。

3.6.4　成型烧成车间工艺布置

1. 成型烧成车间工艺特点

（1）产品品种相对单一

建筑陶瓷墙地砖的产品仅是产品的规格、装饰手段及烧成温度不一样。通过变换压机的模具可以生产各种不同规格的砖；通过施釉线上不同装饰设备的组合和相应的烧成温度，可生产内墙砖、仿古砖、渗彩抛光砖等不同类别的制品。

（2）机械化、自动化程度高

成型烧成车间从产品压制成型、翻坯、干燥、各种表面装饰到烧成，均为全机械化自动生产，因此，该车间操作人员较少，对设备的自动化控制要求较高。

（3）产量大

该车间生产自动化程度较高，产品产能较大。一条地砖生产线通常日产量在1万～2万 m²，而一条墙砖生产线日产量则在2万～4万 m² 之间。产量大，生产线运输量大，为了防止坯件碰损，应避免或减少坯件的重复搬运，必须采用机械化运输。

2. 成型烧成车间布置原则

（1）合理组织物流与人流，避免交叉往返与不均衡现象。

（2）工艺设备和工作位置应根据设备外形及基础尺寸要求，按生产流水线布置。为提高场地利用系数及生产工艺流程的要求，干燥窑、施釉线及烧成辊道窑通常采用平行布置的方法，同时合理确定平行布置的间距，以满足设备维修、人员通行及干燥窑与烧成窑辊棒更换等要求。

（3）窑炉布置时应与土建密切配合，注意窑炉的排气孔不要正对屋架及屋面板，烟道布置不与柱子基础及砖墙基础发生冲突。根据生产工人最大班人数设置生活间和车间办公室。

（4）应单独设置热工仪表控制室，实时监测控制干燥窑与烧成窑的工艺参数。

（5）烧成窑尾端应留有产品堆放及转运区。

3. 对土建、采光、采暖通风等方面的要求

（1）土建要求

车间跨度依据产能的要求一般选12m、15m、18m、21m、24m，当车间跨度达到30m及以上时，建设成本增加比较大，通常可考虑连跨设计，柱距通常为6m，到房架下弦的高度一般为4.0～7.0m。考虑夏季通风，南方地区可取厂房高度的上限值。采用大跨度的连跨或单跨度的建筑厂房，可利用矩形、井形、锯齿形结构的天窗来满足采光的要求。车间通道、车间内上下工序之间的通道、主要人流通道的宽度一般在3m左右。

（2）采光要求

成型烧成车间对采光的要求较高，车间的方位对采光的影响较大，应特别予以注意。车间采光可利用天窗、侧窗并辅以局部照明。生产工序的采光，一般不低于三级，但对墙地砖半成品及成品检验工序应提高采光要求。

（3）采暖通风要求

车间内不允许存在不均匀的气流股，对北方地区应考虑冬、春季节的保温和防风措施。一般在车间两端安装通风设备。

4. 设备的布置

（1）压机、干燥窑、施釉线及辊道窑的布置

压机是陶瓷墙地砖生产的关键设备之一，设备价值较高，生产过程中会产生一定的噪声与粉尘，通常布置在车间的端头，且靠近原料车间粉料仓的位置，以便于粉料的输送。压机与干燥窑、施釉线、辊道窑的连接需要有垂直连接带，不可正对连接，否则无法正常运行，其连接方式如图 3-13 所示。砖坯在成型后，经翻坯器翻坯输送至集坯器，通过集坯器排列成符合生产要求的一排（多块砖），再整排进入单层或多层干燥窑进行干燥，干燥后上施釉线，经施釉、装饰等工序加工下线，最后进辊道窑烧成。

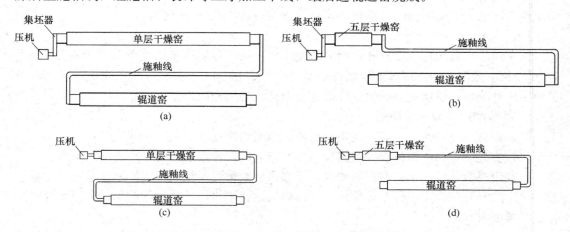

图 3-13　压机、干燥窑、施釉线及辊道窑布置
（a）单层干燥窑的正确布置；（b）多层干燥窑的正确布置；（c）单层干燥窑的错误布置；
（d）多层干燥窑的错误布置

（2）施釉线装饰设备的布置

施釉线上依据产品的品种及要求不同，需要采用不同的装饰手段，通常有喷釉、钟罩淋釉、丝网印刷、滚筒印花、喷墨打印、渗花、撒干粒等。其中的装饰方式可以是一次或多次，如丝网印刷，每一个装饰工位后面都应布置快速干燥器，以快速干燥表面水分。通常采用红外干燥方式，表面干燥后才能进行下一道装饰，以便操作。各装饰工序之间应保持 3～5m 的间距。（附教学图片二维码　补水器、喷墨打印机、钟罩淋釉机）

5. 成型烧成车间工艺布置实例

见附录三：某陶瓷公司墙地砖生产线工艺平面布置图。

3.6.5　机加工车间工艺布置

1. 机加工车间工艺特点

（1）用水量大。机加工的主要设备磨边线和抛光线都用水作为加工冷却剂，用水量很大，废水量也很大。

（2）噪声大。机加工由于产品烧结成瓷，在加工过程中，金刚石磨具与产品的磨削会产生高分贝的噪声，因此，在生产过程中，通常采取工人佩戴降噪耳塞，并辅以消声门窗，以达到降噪效果。

2. 机加工车间的布置

（1）机加工的主要设备为磨边机和抛光机，依据不同产品选用不同的加工方式。陶瓷机加工车间通常与成型烧成车间布置在同一联合厂房内，与干燥窑、施釉线、烧成窑一道采用平行布置方式，形成完整的生产流水线。

（2）合理布置排水沟和沉降取泥槽。磨边线和抛光线用水量很大，例如一条800型的抛光线每分钟用水 2.34t，1h 用水 140.4t，1d 用水达 3370t，因此，磨边、抛光线的布置一定要考虑抛磨废水的收集和排放。抛磨废水含有大量的废瓷粉和磨料细粉，均是瘠性料，很容易沉淀，因此排放沟道和出口到废水处理站的距离要尽可能短捷，使抛磨废水尽快排放到废水处理站，以便废水处理循环使用。

（3）机加工工序后端应留有足够的产品堆放及转运区。

（附教学视频二维码　运转、检验、包装）

（附教学图片二维码　包装、叉车运输、抛光线、防污打蜡、人工检测）

3. 机加工车间工艺布置实例

见附录三：某陶瓷公司墙地砖生产线工艺平面布置图。

4 部分公共专业基础知识

在工厂设计工作中，工艺专业是主导专业，但是还要配以土建、电气、水暖和概预算等公共专业，才能完整地完成工厂设计。工艺设计人员在设计全厂或车间工艺布置方案时，对土建等公共专业的设计都应有合理的考虑和安排，在设计过程中，不断与各专业设计人员交换意见，提供资料，研究方案，经过分析论证后，得出各专业均能接受的工艺布置方案。以此为基础，加上其他所需的设计条件和要求，作为其他公共专业开展设计的依据。因此，工艺设计人员必须了解和掌握其他公共专业的基本设计规范等基本知识，才能顺利地完成全厂的设计任务，为项目的建设和投产打下坚实的基础。本章主要介绍有关这方面的内容。

4.1 制图规范

4.1.1 制图规范的相关国家标准

GB/T 148—1997 印刷、书写和绘图纸幅面尺寸

GB/T 10609.1—2008 技术制图 标题栏

GB/T 10609.4—2009 技术制图 对缩微复制原件的要求

GB/T 10609.2—2009 技术制图 明细栏

GB/T 14689—2008 技术制图 图纸幅面和格式

GB/T 13361—2012 技术制图 通用术语

4.1.2 图纸幅面尺寸及其公差

绘制技术图样时，应优先采用表 4-1 所规定的基本幅面。

表 4-1 基本幅面（第一选择）

幅面代号	尺寸 $B \times L$（mm）
A0	841×1189
A1	594×841
A2	420×594
A3	297×420
A4	210×297

必要时，也允许选用表 4-2 和表 4-3 所规定的加长幅面。这些幅面的尺寸是由基本幅面的短边整数倍增加后得出的，如图 4-1 所示。

图 4-1 中粗实线所示为基本幅面（第一选择）；细实线所示为表 4-2 所规定的加长幅

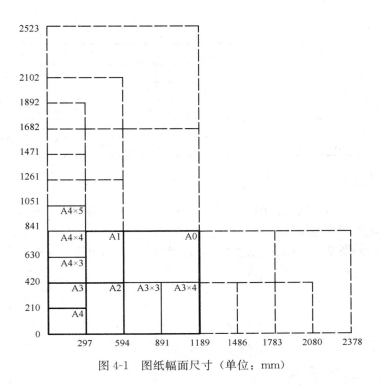

图 4-1 图纸幅面尺寸（单位：mm）

面（第二选择）；虚线所示为表 4-3 所规定的加长幅面（第三选择）。

图纸幅面的尺寸公差按《印刷、书写和绘图纸幅面尺寸》（GB/T 148—1997）的规定。

表 4-2 加长幅面（第二选择）

幅面代号	尺寸 $B \times L$（mm）
A3×3	420×891
A3×4	420×1189
A4×3	297×630
A4×4	297×841
A4×5	297×1051

表 4-3 加长幅面（第三选择）

幅面代号	尺寸 $B \times L$（mm）
A0×2	1189×1682
A0×3	1189×2523
A1×3	841×1783
A1×4	841×2378
A2×3	594×1261
A2×4	594×1682
A2×5	594×2102
A3×5	420×1486
A3×6	420×1783

幅面代号	尺寸 $B \times L$（mm）
A3×7	420×2080
A4×6	297×1261
A4×7	297×1471
A4×8	297×1682
A4×9	297×1892

4.1.3 图框格式

在图纸上必须用粗实线画出图框，其格式分为不留装订边和留有装订边两种，但同一产品的图样只能采用一种格式。

不留装订边的图纸，其图框格式如图 4-2、图 4-3，尺寸按表 4-4 的规定。

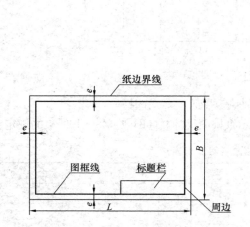

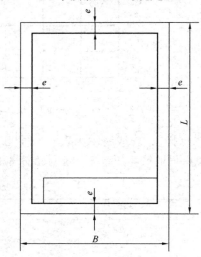

图 4-2　无装订边图纸（X 型）的图框格式　　图 4-3　无装订边图纸（Y 型）的图框格式

留有装订边的图纸，其图框格式如图 4-4、图 4-5 所示，尺寸按表 4-4 的规定。

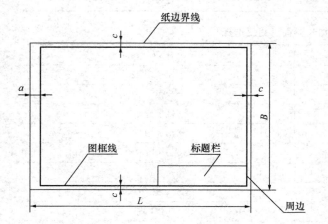

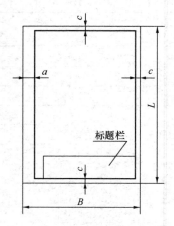

图 4-4　有装订边图纸（X 型）的图框格式　　　图 4-5　有装订边图纸（Y 型）的图框格式

表 4-4   图纸幅面规格（单位：mm）

幅面代号	A0	A1	A2	A3	A4
$B \times L$	841×1189	594×841	420×594	297×420	210×297
e	20			10	
c	10			5	
a	25				

加长幅面的图框尺寸，按所选用的基本幅面大一号的图框尺寸确定。例如 A2×3 的图框尺寸，按 A1 的图框尺寸确定，即 e 为 20（或 c 为 10），而 A3×4 的图框尺寸，按 A2 的图框尺寸确定，即 e 为 10（或 c 为 10）。

4.1.4   标题栏的方位

每张图纸上都必须画出标题栏。标题栏的格式和尺寸按 GB 10609.1 的规定。标题栏的位置应位于图纸的右下角，如图 4-2～图 4-5 所示。

标题栏的长边置于水平方向并与图纸的长边平行时，则构成 X 型图纸，如图 4-2、图 4-4 所示。若标题栏的长边与图纸的长边垂直时，则构成 Y 型图纸，如图 4-3、图 4-5 所示。在此情况下，看图的方向与看标题栏的方向一致。

为了利用预先印制的图纸，允许将 X 型图纸的短边置于水平位置使用，如图 4-6 所示；或将 Y 型图纸的长边置于水平位置使用，如图 4-7 所示。

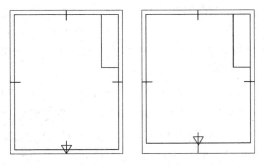 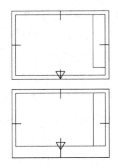

图 4-6   标题栏的方位（X 型图纸竖放时）　　　图 4-7   标题栏的方位
（Y 型图纸竖放时）

4.1.5   标题栏

标题栏（图标）应根据图样类别及需要在规定的格式中选用，每张图样上至少要一个具有设计单位全称的标题栏，并应严格按标题栏中所列各项栏目的内容和规定的要求认真填写。

工程设计选用的标题栏格式见图 4-8。

工程设计图样的标题栏位于图纸的右下角。标题栏的右、下两边的边框与图纸的右、下两边的图框线重合。

与标题栏连用的明细表位于所连用标题栏的上方。所附明细表的下边框线与标题栏的上边框线相重合，所附明细表的右边框线与图纸的右图框线相重合，其格式和尺寸如图 4-8 所示。

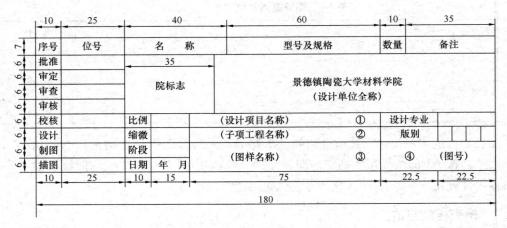

图 4-8　标题栏格式

标题栏和明细表的边框线均为粗实线，其线宽为 0.6～1.0mm。它们文中的分格线均为细实线，线宽为 0.2～0.3mm。

标题栏的填写见图 4-8。

4.1.6　比例

1. 比例的选取

图样的比例是指图中图形与其实物相应要素的线性尺寸之比。原始比例是比值为 1 的比例，即 1：1。放大比例是比值大于 1 的比例，如 2：1 等。缩小比例是比值小于 1 的比例，如 1：2 等。比例的大小，是指其比值的大小，如 1：50 大于 1：100。比例的符号为"："，比例应以阿拉伯数字表示，如 1：1、1：2、1：100 等。

需要按比例绘制图样时，应从表 4-5 的比例系列中选取，必要时也允许选取表 4-6 中的比例。绘图所用的比例应根据图样的用途与被绘对象的复杂程度，选用相应的比例，并优先用表 4-7 中的常用比例。一般情况下，一个图样应选用一种比例。根据专业制图需要，同一图样可选用两种比例。特殊情况下也可自选比例，这时除应注出绘图比例外，还必须在适当位置绘制出相应的比例尺。

表 4-5　常用比例系

种类	比例		
原始比例	1：1		
放大比例	$5：1$ $5×10^n：1$	$2：1$ $2×10^n：1$	$1×10^n：1$
缩小比例	$1：2$ $1：2×10^n$	$1：5$ $1：5×10^n$	$1：10$ $1：1×10^n$

注：n 为正整数。

表 4-6　特殊比例系

种类	比例				
放大比例	$4:1$ $4\times10^n:1$	$2.5:1$ $2.5\times10^n:1$			
缩小比例	$1:1.5$ $1:1.5\times10^n$	$1:2.5$ $1:2.5\times10^n$	$1:3$ $1:3\times10^n$	$1:4$ $1:4\times10^n$	$1:6$ $1:6\times10^n$

注：n 为正整数。

表 4-7　优先采用的比例系

常用比例	$1:1$、$1:2$、$1:5$、$1:10$、$1:20$、$1:50$、$1:100$、$1:150$、$1:200$、$1:500$、$1:1000$、$1:2000$、$1:5000$、$1:10000$、$1:20000$、$1:50000$、$1:100000$、$1:200000$
特殊比例	$1:3$、$1:4$、$1:6$、$1:15$、$1:25$、$1:30$、$1:40$、$1:60$、$1:80$、$1:250$、$1:300$、$1:400$、$1:600$

2. 比例的标注方法

比例一般应标注在标题栏中的比例栏内。必要时，可在视图名称的下方或右侧标注比例，字的基准线应取平，比例的字高宜比图名的字高小一号或二号。有特殊需要时，允许在同一视图中的铅垂和水平方向标注不同的比例，但两种比例的比值不应超过 5 倍，见图 4-9。同样，必要时图样的比例可采用比例尺的形式，一般可在图样中的铅垂或水平方向加画比例尺。

$$\frac{1}{2:1} \qquad \frac{A\text{向}}{1:100} \qquad \frac{B-B}{2.5:1} \qquad \frac{\text{墙板位置图}}{1:200} \qquad \frac{\text{平面图}}{1:100} \qquad \text{河流横剖面图:} \quad \frac{\text{铅垂方向: }1:1000}{\text{水平方向: }1:2000}$$

图 4-9　比例的注写

3. 总图制图比例的选取

总图制图采用的比例应符合表 4-8 中的规定。一个图样宜选用一种比例，铁路、道路、土方等的纵断面图，可在水平方向和垂直方向选用不同比例。

表 4-8　总图制图比例

图名	比例
现状图	$1:500$、$1:1000$、$1:2000$
地理交通位置图	$1:25000\sim1:200000$
总体规划、总体布置、区域位置图	$1:2000$、$1:5000$、$1:10000$、$1:25000$、$1:50000$
总平面图、竖向布置图、管线综合图、土方图、铁路、道路平面图	$1:300$、$1:500$、$1:1000$、$1:2000$
场地园林景观总平面图、场地园林景观竖向布置图、种植总平面图	$1:300$、$1:500$、$1:1000$
铁路、道路纵断面图	垂直：$1:100$、$1:200$、$1:500$
	水平：$1:1000$、$1:2000$、$1:5000$
铁路、道路横断面图	$1:20$、$1:50$、$1:100$、$1:200$
场地断面图	$1:100$、$1:200$、$1:500$、$1:1000$
详图	$1:1$、$1:2$、$1:5$、$1:10$、$1:20$、$1:50$、$1:100$、$1:200$

4.1.7 字体

图纸上书写的文字、数字或符号等均应笔画清晰、字体端正、排列整齐，标点符号应清楚正确。文字的字高，应从如下系列中选用：3.5mm、5mm、7mm、10mm、14mm、20mm。如需书写更大的字，其高度应按 2 的倍数递增。图样及说明中的汉字，宜采用长仿宋体，宽度与高度的关系应符合表 4-9 的规定。大标题、图册封面、地形图等的汉字，也可书写成其他字体，但应易于辨认。汉字的简化字书写，必须符合国务院公布的《汉字简化方案》和有关规定。拉丁字母、阿拉伯数字与罗马数字的书写与排列，应符合表 4-10 的规定。拉丁字母、阿拉伯数字与罗马数字，如需写成斜体字，其斜度应是从字的底线逆时针向上倾斜 75°。斜体字的高度与宽度应与相应的直体字相等。拉丁字母、阿拉伯数字与罗马数字的字高，应不小于 2.5mm。数量的数值注写，应采用正体阿拉伯数字。各种计量单位凡前面有量值的，均应采用国家颁布的单位符号注写。单位符号应采用正体字母。分数、百分数和比例数的注写，应采用阿拉伯数字和数学符号。例如：四分之三、百分之二十五和一比二十应分别写成 3/4、25％和 1：20。当注写的数字小于 1 时，必须写出个位的"0"。小数点应采用圆点，对齐基准线书写，例如 0.01。长仿宋汉字、拉丁字母、阿拉伯数字与罗马数字示例见《技术制图 字体》(GB/T 14691—1993)。

表 4-9　长仿宋体字高宽关系　　　　　　　　　　(mm)

字高	20	14	10	7	5	3.5
字宽	14	10	7	5	3.5	2.5

表 4-10　拉丁字母、阿拉伯数字与罗马数字书写规则

书写格式	一般字体	窄字体
大写字母高度	h	h
小写字母高度（上下均无延伸）	$7/10h$	$10/14h$
小写字母伸出的头部或尾部	$3/10h$	$4/14h$
笔画宽度	$1/10h$	$1/14h$
字母间距	$2/10h$	$2/14h$
上下行基准线最小间距	$15/10h$	$21/14h$
词间距	$6/10h$	$6/14h$

4.1.8 图线

图线的宽度 b，宜从下列线宽系列中选取：2.0mm、1.4mm、1.0mm、0.7mm、0.5mm、0.35mm。每个图样应根据复杂程度与比例大小，先选定基本线宽 b，再选用表 4-11 中相应的线宽组。工程建设制图，应选用表 4-12 所示的图线。同一张图纸内，相同比例的各图样，应选用相同的线宽组。图纸的图框和标题栏线，可采用表 4-13 的线宽。相互平行的图线，其间隙不宜小于其中的粗线宽度，且不宜小于 0.7mm。虚线、单点长画线或双点长画线的线段长度和间隔，宜各自相等。单点长画线或双点长画线，当在较小图形中绘制有困难时，可用实线代替。单点长画线或双点长画线的两端，不应是点。点画

线与点画线交接或点画线与其他图线交接时，应是线段交接。虚线与虚线交接或虚线与其他图线交接时，应是线段交接。虚线为实线的延长线时，不得与实线连接。图线不得与文字、数字或符号重叠、混淆，不可避免时，应首先保证文字等的清晰。

表 4-11　线宽组　　　　　　　　　　　　　　（mm）

线宽比	线宽组					
b	2.0	1.4	1.0	0.7	0.5	0.35
$0.5b$	1.0	0.7	0.5	0.35	0.25	0.18
$0.25b$	0.5	0.35	0.25	0.18	—	—

注：① 需要微缩的图纸，不宜采用 0.18mm 及更细的线宽；
　　② 同一张图纸内，不同线宽中的细线，可统一采用较细的线宽组的细线。

表 4-12　图线的线型、线宽及用途

名称	线型		线宽	一般用途
实线	粗	▬▬▬	b	主要可见轮廓线
	中	————	$0.5b$	可见轮廓线
	细	————	$0.25b$	可见轮廓线、图例线
虚线	粗	▬ ▬ ▬ ▬	b	见各有关专业制图标准
	中	- - - - -	$0.5b$	不可见轮廓线
	细	- - - - - -	$0.25b$	不可见轮廓线、图例线
单点长画线	粗	▬ · ▬ ·	b	见各有关专业制图标准
	中	— · — ·	$0.5b$	见各有关专业制图标准
	细	— · — ·	$0.25b$	中心线、对称线等
双点长画线	粗	▬ · · ▬ · ·	b	见各有关专业制图标准
	中	— · · — · ·	$0.5b$	见各有关专业制图标准
	细	— · · — · ·	$0.25b$	假想轮廓线、成型前原始轮廓线
折断线		⌐∨⌐	$0.25b$	断开界线
波浪线		∿∿∿	$0.25b$	断开界线

表 4-13　图框线、标题栏线的宽度　　　　　　　　　（mm）

幅面代号	图框线	标题栏外框线	标题栏分格线、会签栏线
A0、A1	1.4	0.7	0.35
A2、A3、A4	1.0	0.7	0.35

　　工厂设计中，总图制图应根据图纸功能，按表 4-14 规定的线型选用。

表 4-14　总图制图线宽的选择　　　　　　　　　　　　　　（mm）

名称		线型	线宽	用途
实线	粗	——————	b	① 新建建（构）筑物±0.00 高度可见轮廓线； ② 新建铁路、管线
	中	——————	0.7b 0.5b	① 新建构筑物、道路、桥涵、边坡、围墙、挡土墙、运输设施； ② 原有标准轨距铁路
	细	——————	0.25b	① 新建建（构）筑物±0.00 高度以上的可见建筑物、构筑物轮廓线； ② 原有建（构）筑物、原有窄轨、铁路、道路、桥涵、围墙的可见轮廓线； ③ 新建人行道、排水沟、坐标线、尺寸线、等高线
虚线	粗	— — — — —	b	新建建筑物、构筑物地下轮廓线
	中	— — — — —	0.5b	计划预留扩建的建（构）筑物、铁路、道路、运输设施、管线、建筑红线及预留用地各线
	细	··········	0.25b	原有建筑物、构筑物、管线的地下轮廓线
单点长画线	粗	—·—·—·—	b	露天矿开采界限
	中	—·—·—·—	0.5b	土方填挖区的零点线
	细	—·—·—·—	0.25b	分水线、中心线、对称线、定位轴线
双点长画线	粗	—··—··—	b	用地红线
	中	—··—··—	0.7b	地下开采区塌落界限
	细	—··—··—	0.5b	建筑红线
折断线		〜/\〜	0.5b	断线
不规则曲线		〜〜	0.5b	新建人工水体轮廓线

4.1.9　符号

1. 剖切符号

1）剖视的剖切符号

剖视的剖切符号应符合下列规定：

（1）剖视的剖切符号应由剖切位置线及投射方向线组成，均应以粗实线绘制。剖切位置线的长度宜为 6～10mm；投射方向线应垂直于剖切位置线，长度应短于剖切位置线，宜为 4～6mm，见图 4-10。绘制时，剖视的剖切符号不应与其他图线相接触。

（2）剖视剖切符号的编号宜采用阿拉伯数字，按顺序由左至右、由下至上连续编排，并应注写在剖视方向线的端部。

（3）需要转折的剖切位置线，应在转角的外侧加注与该符号相同的编号。

（4）建（构）筑物剖面图的剖切符号宜注在±0.00标高的平面图上。

2）断面的剖切符号

断面的剖切符号应符合下列规定：

（1）断面的剖切符号只用剖切位置线表示，并应以粗实线绘制，长度宜为6～10mm，见图4-10。

（2）断面剖切符号的编号宜采用阿拉伯数字，按顺序连续编排，并应注写在剖切位置线的一侧；编号所在的一侧应为断面的剖视方向，见图4-11。

（3）如写被剖切图样不在同一张图内，可在剖切位置线的另一侧注明其所在图纸的编号，也可以在图上集中说明。

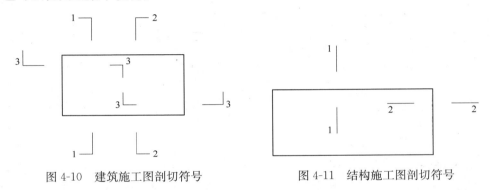

图4-10　建筑施工图剖切符号　　　　　图4-11　结构施工图剖切符号

2. 引出线

（1）引出线应以细实线绘制，宜采用水平方向的直线，与水平方向成30°、45°、60°、90°的直线，或经上述角度再折为水平线。文字说明宜注写在水平线的上方，见图4-12（a），也可注写在水平线的端部，见图4-12（b）。索引详图的引出线，应与水平直径线相连接，见图4-12（c）。

（2）同时引出几个相同部分的引出线，宜互相平行，见图4-13（a），也可画成集中于一点的放射线，见图4-13（b）。

3. 指北针

指北针的形状见图4-14，其圆的直径宜为24mm，用细实线绘制；指针尾部的宽度宜为3mm，指针头部应注"北"或"N"字。需用较大直径绘制指北针时，指针尾部宽度宜为直径的1/8。

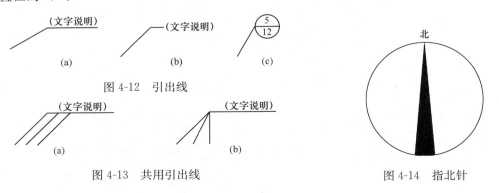

图4-12　引出线

图4-13　共用引出线　　　　　　　　　图4-14　指北针

4.1.10　尺寸标注

1. 尺寸组成

图样上的尺寸，包括尺寸界线、尺寸线、尺寸起止符号和尺寸数字，见图 4-15（a）。尺寸界线应用细实线绘制，一般应与被注长度垂直，其一端应离开图样轮廓线不小于 2mm，另一端宜超出尺寸线 2～3mm。图样轮廓线可用作尺寸界线，见图 4-15（b）。尺寸线应用细实线绘制，应与被注长度平行。图样本身的任何图线均不得用作尺寸线。尺寸起止符号一般用中粗斜短线绘制，其倾斜方向应与尺寸界线呈顺时针 45°角，长度宜 2～3mm。半径、直径、角度与弧长的尺寸起止符号，宜用箭头表示，见图 4-15(c)。

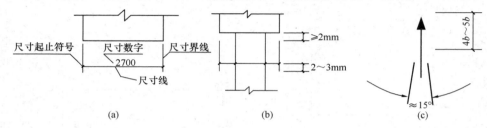

图 4-15　尺寸标注

2. 尺寸数字

图样上的尺寸，应以尺寸数字为准，不得从图上直接量取。图样上的尺寸单位，除标高及总平面以 m 为单位外，其他必须以 mm 为单位。尺寸数字的方向，应按图 4-16（a）的规定注写。若尺寸数字在 30°斜线区内，宜按图 4-16（b）的形式注写。尺寸数字一般应依据其方向注写在靠近尺寸线的上方中部。如没有足够的注写位置，最外边的尺寸数字可注写在尺寸界线的外侧，中间相邻的尺寸数字可错开注写，见图 4-17。

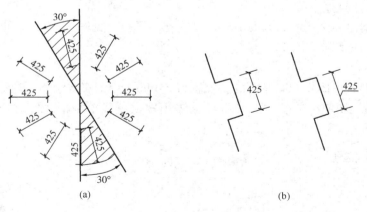

图 4-16　尺寸数字的注写方向

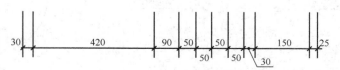

图 4-17　尺寸数字的注写位置

3. 尺寸的排列与布置

尺寸宜标注在图样轮廓以外，不宜与图线、文字及符号等相交，见图 4-18。图样轮廓线以外的尺寸界线，距图样最外轮廓之间的距离不宜小于 10mm。平行排列的尺寸线的间距宜为 7～10mm，并应保持一致，见图 4-18(a)。互相平行的尺寸线，应从被注写的图样轮廓线由近向远整齐排列，较小尺寸应离轮廓线较近，较大尺寸应离轮廓较远，见图 4-19。总尺寸的尺寸界线应靠近所指部位，中间的分尺寸的尺寸界线可稍短，但其长度应相等，见图 4-19。

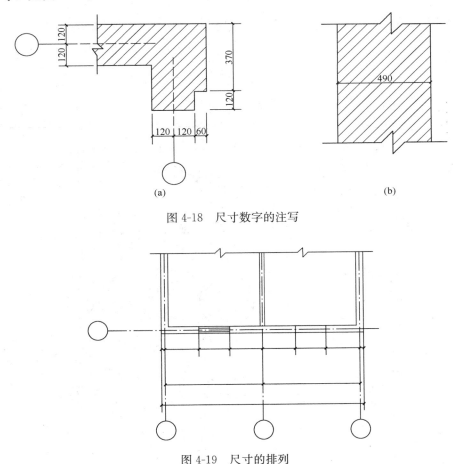

图 4-18　尺寸数字的注写

图 4-19　尺寸的排列

4. 半径、直径、球的尺寸标注

半径的尺寸线应一端从圆心开始，另一端画箭头指向圆弧。半径数字前应加注半径符号"R"，见图 4-20。较小圆弧的半径，可按图 4-21 的形式标注。较大圆弧的半径，可按图 4-22 的形式标注。标注圆的直径尺寸时，直径数字前应加直径符号"ϕ"。在圆内标注的尺寸线应通过圆心，两端画箭头指至圆弧，见图 4-23。较小圆的直径尺寸，可标注在圆外，见图 4-24。标注球的半径尺寸时，应在尺寸前加注符号"SR"。标注球的直径尺寸时，应在尺寸数字前加注符号"$S\phi$"，注写方法与圆弧半径和圆直径的尺寸标注方法相同。

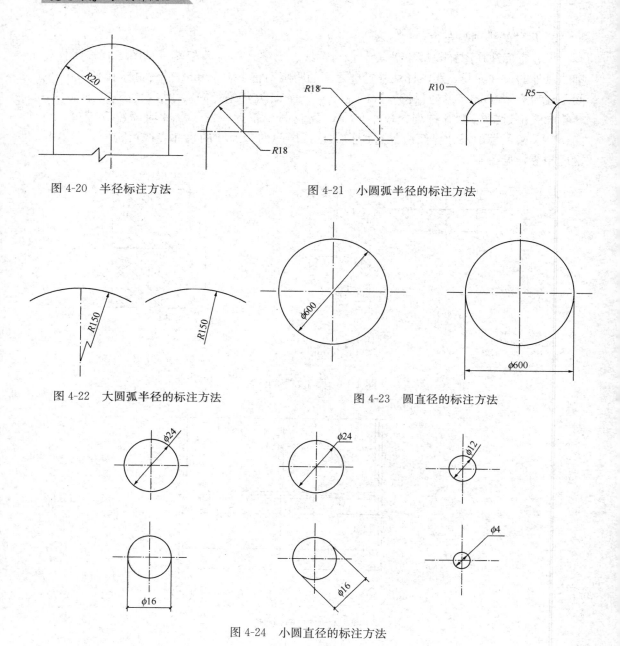

图 4-20 半径标注方法

图 4-21 小圆弧半径的标注方法

图 4-22 大圆弧半径的标注方法

图 4-23 圆直径的标注方法

图 4-24 小圆直径的标注方法

4.1.11 标高

标高符号应以直角等腰三角形表示，按图 4-25(a) 所示的形式用细实线绘制，如标注位置不够，也可按图 4-25(b) 所示的形式绘制。标高符号的具体画法见图 4-25(c)、图 4-25(d)。总平面图室外地坪标高符号，宜用涂黑的三角形表示，见图 4-26(a)，具体画法见图 4-26(b)，标高符号的尖端应指至被注高度的位置。尖端一般应向下，也可向上。标高数字应注写在标高符号的左侧或右侧，见图 4-27。标高数字应以 m 为单位，注写到小数点以后第三位。在总平面图中，可注写到小数点以后第二位。零点标高应注写成±0.000，正数标高不注"＋"，负数标高应注"－"，例如，3.000，－0.600。在图样的同一位置需表示几个不同标高时，标高数字可按图 4-28 的形式注写。

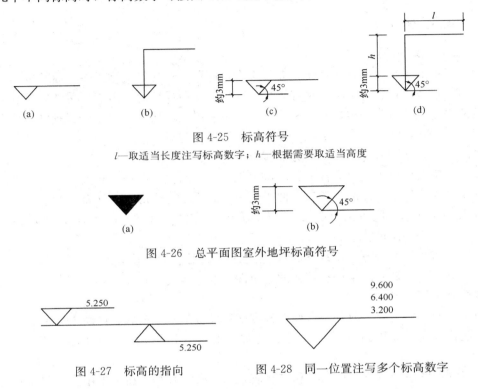

图 4-25　标高符号
l—取适当长度注写标高数字；h—根据需要取适当高度

图 4-26　总平面图室外地坪标高符号

图 4-27　标高的指向　　　　图 4-28　同一位置注写多个标高数字

4.2　土　　建

4.2.1　工艺与土建的配合

在工厂设计中，工艺是主导专业、龙头专业，土建、供配电、给排水等公共专业均为辅助配套专业。在这些辅助配套专业中，土建专业是主要专业，它与工艺专业的配合关系非常密切。

工厂设计中，工艺专业是先行专业，也就是说工艺专业要按设计任务书（可行性研究报告）的要求先开展设计工作，把工艺方案定下来，再与建设单位统一意见，然后向土建专业提资（设计要求和条件）。土建专业根据工艺方案作出土建方案，工艺专业再根据返回的土建方案进行必要的调整，作出新的工艺方案，使新的工艺方案与土建方案对接。经过数次的相互调整后，使工艺方案与土建方案合拍，也就是取得一致，然后向其他公共专业提资。在专业配合中，有个原则就是其他专业要服从和配合工艺专业，要为工艺专业服务，但工艺专业也要学习和掌握其他专业特别是土建专业的设计规范，尽可能不要违反其规范，不可一味地强调土建要服从和配合工艺，只从工艺自身去考虑问题，使土建专业难以按其规范进行设计。除了极个别的特殊情况，一般来说，工艺方案均要合乎土建设计规范，否则就无法获得通过。所以，工艺专业应该熟悉和掌握土建设计规范，工艺方案做一次即可，无须为配合土建专业而反复调整，从而节省时间和精力，加快设计进度，缩短设计周期。

4.2.2 单层厂房

1. 单层厂房的特点

由于工业的类别繁多，生产工艺差异很大，因此工业建筑类型很多，通常按厂房的层数、建筑特点或生产特点分类。例如，按层数可分为单层厂房、多层厂房和层数混合的厂房；按建筑特点可分为一般厂房、密闭厂房、成片联合厂房等；按生产特点可分为重型厂房、轻型厂房、热加工厂房、恒温恒湿厂房、洁净厂房等。

单层厂房在使用、建筑和结构方面有以下特点：

单层厂房对生产工艺适应性大，既可组织较小空间生产小型、轻型产品，又可组织较大空间生产大型、重型产品；建筑上便于组织大面积联合厂房（十几万平方米，甚至几十万平方米）；结构上便于采用大跨度（30m以上）、大柱距（12m以上），以满足各种工业类别对生产厂房的需求。

单层厂房便于水平方向组织生产工艺流程，采用水平运输方式，对于运输量大，设备、加工件及产品笨重的生产有较强的适应性，选择运输方式和工具比较灵活，有利于工艺的改革和更新。

由于地面可承受较大荷载，重型设备可单独设置基础，荷载和振动不会影响厂房的基础，并能比较自由地构筑地下搅拌池、地坑、地沟等地下构筑物，以满足生产工艺的需要。

可以利用其屋顶设置天然采光和自然通风的天窗，有利于在不采用人工照明和机械通风的情况下组织较大跨度和多跨的大面积厂房。

单层厂房的主要缺点为占地多、屋面面积较大、建筑空间不够紧凑等。

墙地砖生产的主要厂房基本为单层厂房。

2. 单层厂房的平面设计

1）生产工艺和建筑平面设计的关系

工业厂房的平面设计是先由工艺设计人员进行工艺平面设计，建筑设计人员在生产工艺平面布置图的基础上配合、协商进行厂房的建筑平面设计。生产工艺平面图的内容包括：根据产品的生产规模和生产要求进行工段划分和工艺布置，确定厂房的面积，以及生产工艺对厂房建筑设计的要求等。

厂房的平面设计除首先满足生产工艺的要求外，设计人员在平面设计中应使厂房平面形式规整，以节省投资和占地面积。选择经济合理和技术先进的柱网使厂房具有较好的通用性，并使厂房符合工业化施工的要求，正确地解决采光和通风问题，合理地布置有害工段和生活用房，妥善处理安全疏散及防火措施等。

工艺流程是厂房平剖面设计的主要依据。由于工艺流程不同，不论厂房的平剖面和外形，还是车间内部空间，差别都相当大。

2）平面形式及特点

厂房平面形式与生产工艺流程和生产特征有直接关系。在建筑实践中，常用的厂房平面形式有矩形、方形、L形、冂形或冖形等，见图4-29。

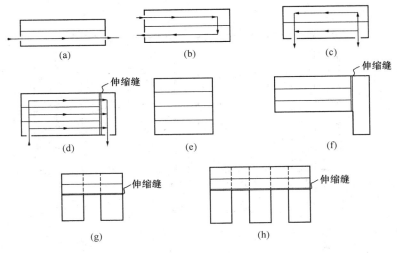

图 4-29 厂房平面形式

矩形平面中最简单的是由单跨组成，它是构成其他平面形式的基本单位。当生产规模较大要求厂房面积较多时，常用多跨组合的平面。其组合方式随工艺流程而异，有的将跨度平行布置，有的将跨度垂直布置。平行跨布置适用于直线式的生产工艺流程，即原料由厂房一端进入，产品由另一端运出［图 4-29(a)］；同时，它也适用于往复式的生产工艺流程［图 4-29(c)］。这种平面形式较其他平面形式各工段之间紧凑，运输路线短捷，工艺联系紧密，工程管线较短；形式规整，占地面积较少；如整个厂房柱顶标高相同，结构、构造简单，造价少、施工快；在宽度不大（三跨以下）的情况下，厂房内的采光通风都较好。跨度垂直布置适用于垂直式的生产工艺流程，即原料从厂房一端进入，经过加工最后到装配跨装配成成品或半成品出厂［图 4-29(d)］。这种平面形式的优点是工艺流程紧凑零部件至总装配的运输线短捷。其缺点是在跨度重交处结构、构造复杂，施工烦琐。

生产特征也影响厂房或平面形式。例如，有些车间（如烧成车间）在生产过程中散发出大量的热量。此时，在平面设计中应使厂房具有良好的自然通风，能迅速排除这些热量，降低周边温度，提供较为舒适的工作环境。为此，厂房不宜太宽。当宽度不大时（三跨以下），可选用矩形平面。当跨数多于三跨时，如仍用矩形平面，则将影响厂房的自然通风，故一般将其中一跨或两跨与其他跨相垂直布置，形成 L 形［图 4-29(f)］。当产量较大，产品品种较多，厂房面积很大时，为保证车间的自然通风，则采用⊓形或⊓⊓形平面［图 4-29(g)、(h)］。为了避免浪费，可利用两翼间的室外空地做露天仓库等。

3. 柱网的选择

在厂房中，为了支撑屋顶和吊车须设柱子。为了确定柱位，在平面上要布置定位轴线，见图 4-30。厂房的定位轴线是划分厂房主要承重构件和确定其相互位置的基准线，同时也是施工放线和设备定位的依据。通常平行于厂房长度方向的定位轴线称为纵向定位轴线，垂直于厂房长度方向的定位轴线称为横向定位轴线。纵向定位轴线间的距离称为跨度，横向定位轴线间的距离称为柱距。柱子在平面上排列所形成的网络称为柱网，柱网的选择实际上就是选择厂房的跨度和柱距。

厂房的柱网，首先要满足工艺设备布置和生产操作维护的需要，其次要遵守建筑统一

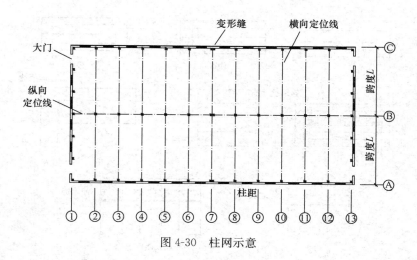

图 4-30 柱网示意

化的规定，还要选择通用性较好和经济合理的柱网。

在厂房中其跨度尺寸和屋顶承重结构（屋架等）的跨度是统一的，柱距尺寸和屋面板的尺寸是统一的。因此，柱网尺寸不仅在平面上决定着厂房的跨度、柱距的大小，还决定着屋架、屋面板的尺寸。为了减少厂房构件的尺寸类型，加快厂房建设速度，必须对柱网尺寸作出相应的规定。根据《厂房建筑模数协调标准》（GB/T 50006—2010）的有关规定，我国建筑模数，以 100mm 为基本模数，作为房屋与构筑物空间单元建筑中的基本尺寸，厂房设计是采用模数制的基数的倍数或扩大模数。

单层厂房的跨度在 18m 和 18m 以下时，应采用扩大模数 30M 数列，在 18m 以上时，应采用扩大模数 60M 数列。当跨度在 18m 以上、工艺布置明显优越时，可采用扩大模数 30M 数列。墙地砖工厂的厂房跨度一般可取 12m、15m、18m、21m、24m、30m 等。

单层厂房的柱距应采用扩大模数 60M 数列。墙地砖工厂的厂房柱距一般为 6m。但从现代工业的发展趋势来看，扩大柱距对增加车间有效面积，提高设备布置和工艺布置的灵活性、机械化，施工中减少结构构件，都是有利的。近代工业生产要求厂房具有较好的通用性。国内外生产实践证明，厂房内部的生产工艺流程和生产设备不可能是一成不变的，随着生产的发展、新技术的采用，每隔一段时期就需要更新设备，重新组织生产线。为了使厂房能适应生产工艺改变的需要，厂房要有通用性，即厂房不仅满足现在生产的要求，还能适应将来生产的需要。厂房通用性的具体标志之一，就是要有较大的柱网。因此，柱距可取 12m，甚至 18m。

单层厂房山墙处（端部）抗风柱的柱距，宜采用扩大模数 15M 数列，即 1.5m 的倍数。

关于变形缝的设置。变形缝包括伸缩缝、沉降缝和防震缝三种。伸缩缝的设置是为了避免厂房结构和构件受温度影响造成的裂缝或破坏，一般是将厂房根据其长度分成几个区段，区段之间设置伸缩缝，区段的长度（伸缩缝距端部及伸缩缝之间的距离）取决于厂房的结构类型和厂房温度变化情况，装配或排架结构一般不超过 70m。沉降缝是为了防止厂房相邻部分因高度相差很大，或地基土壤不同等原因造成不均匀沉降，致使结构产生裂缝甚至破坏而设置的。沉降缝的设置应根据结构荷载及土壤特性来确定。防震缝是在设计烈度为 7 级以上的地震区，在发生地震时减少厂房损坏所采取的防护措施之一。需要设置防震缝的厂房，其全部变形缝都应符合防震缝的要求，并参照《建筑抗震设计规范》（GB 50011—2010）进行设计。

工艺专业与土建专业的配合主要体现就是选择合乎建筑模数，而且通用性较好和经济合理的柱网。

4. 单层厂房的定位轴线

定位轴线是房屋施工图中确定建筑结构、构件平面布置及标注尺寸的基准线，是设计和施工过程中定位、放线的重要依据。凡是承重墙、柱子、大梁、屋架等主要承重构件，均应以定位轴线确定其位置；对于次要的墙、柱等构件，则用增设的附加轴确定它们的位置。

1）定位轴线的表示

定位轴线用细点画线绘制。定位轴线一般应编号，编号应标注在轴线端部的圆内，圆应用细实线绘制，直径为 8mm，详图上可增为 10mm，定位轴线的圆心应在定位轴线的延长线或延长线的折线上。平面图上定位轴线的编号，宜标注在图样的下方与左侧。横向编号应用阿拉伯数字从左至右顺序编号，竖向编号应用大写拉丁字母，从下往上顺序编号。拉丁字母中的 I、O、Z 不得用作轴线编号。如字母数量不够使用，可增用双字母或单字母加数字注脚，如 AA、BB……YY 或 A1、B1……Y1。组合较复杂的厂房的定位轴线也可采用分区编号，编号的注写形式应为"分区号——该区轴线号"，见图 4-31。附加轴线的编号以分数表示：两根轴线之间的附加轴，应以分母表示前一轴线的编号，分子表示附加轴线的编号，编号用阿拉伯数字顺序编号，见图 4-32；1 号轴线或 A 号轴线之前的附加轴线的分母应以 01 或 0A 表示，见图 4-33。

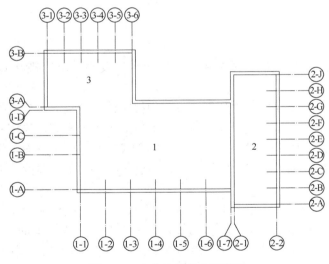

图 4-31　定位轴线的分区编号

 表示 2 号轴线之后附加的第一根轴线　 表示 1 号轴线之前附加的第一根轴线

 表示 0 号轴线之后附加的第三根轴线　 表示 A 号轴线之前附加的第三根轴线

图 4-32　两根轴线间附加轴线的　　图 4-33　1 号轴线或 A 号轴线之前的
　　　　　表示方法　　　　　　　　　　　　附加轴线的表示方法

2）墙柱与定位轴线的定位原则

（1）墙柱与横向定位轴线的定位原则

除横向伸缩缝处及端部处的柱以外，一般柱的中心线与横向定位轴线相重合；横向伸缩缝处采用双柱，伸缩缝的中心线应与定位轴线相重合，柱中心线均自定位轴线两侧各移600mm；山墙（厂房端部）为非承重时，墙内缘应与横向定位轴线相重合，且端部柱的中心线应自横向定位轴线向内移600mm。

（2）墙柱与纵向定位轴线的定位原则

边柱外缘和墙内缘宜与纵向定位轴线相重合，等高厂房中柱的中心线宜与纵向定位轴相重合。

单层厂房建筑便于组织大面积的联合厂房，结构上便于采用大跨度、大柱距，可以满足墙地砖工厂对生产厂房的需要，而多层厂房就不可能了，因此，墙地砖生产厂房通常不会采用多层厂房，故本章节中就不介绍多层厂房。

4.3 电 气

现代化的工厂对供电的安全可靠性提出了很高的要求。工艺设计人员应根据生产规模和生产工艺的要求，准确提供工厂工艺总平面图、车间工艺布置图、车间工作制度，以及所需设备的数量、电力负荷、设备利用系数等技术资料。还应对控制、联锁和车间照明、通信等方面提出具体要求。因此，工艺设计人员应该了解工厂供电和供电设计的基本知识和相关规范。

4.3.1 电源

供电电源应根据工厂规模、供电距离、发展规划及当地电网现状确定合理的供配电方案。

工厂电力负荷按其重要性及中断供电造成的损失或影响程度可分三级：若突然停电会造成人身伤亡，或重大设备严重损坏，或经济上造成重大损失的，采用一级负荷；若突然停电会产生大量废品、大批原材料报废、大量减产或发生主要生产设备损坏，但采取适当措施能够避免或减轻损失的，采用二级负荷；不属于一、二级负荷的一般电力负荷，采用三级负荷。

一般情况下，墙地砖陶瓷不要求一级负荷供电；属于二级负荷用电的设备有窑炉、喷雾干燥塔、球磨机、自动压砖机、施釉线等，以及水泵房、变配电间、锅炉房、煤气站、空压站、油库等，其余用电设备均属三级负荷。因此，墙地砖陶瓷厂往往采用双回路，或者一个主电源和一个保安电源的供电方案。主电源取自电力系统，它要保证工厂正常运行的电力需求；保安电源取自工厂本身的自备发电机，它主要供应工厂二级负荷的电力设备。

为确定供电系统中各个环节的电力负荷大小，以便正确地选择变压器、开关设备及供电线路，有必要对电力负荷进行统计计算。陶瓷厂一般采用需要系数法，采用需要系数法计算用电负荷时，通常按车间变配电间低压配电系统的每一回路为一组，选取合适的需要系数进行计算，容量较大的电动机则逐个计算。

计算公式如下：

$$P = K_x Pe$$

式中：P——最大有功负荷（kW）；

　　　Pe——设备额定容量（kW）；

　　　K_x——需要系数，与设备情况、生产操作和生产调度有关，与生产方法关系不大。

表 4-15　陶瓷厂常用用电设备的需要系数和功率因数

用电设备名称	需要系数 K	$\cos\varphi$	$\tan\varphi$	用电设备名称	需要系数 K	$\cos\varphi$	$\tan\varphi$
颚式破碎机	0.6	0.7	1.02	电动葫芦	0.2	0.5	1.73
球磨机	0.75	0.8	0.75	卷扬机	0.35	0.7	1.02
电磁振动给料机	0.65	0.75	0.88	成型设备	0.5	0.7	1.02
胶带输送机	0.65	0.7	1.02	白炽灯	0.9	1	0
筛子（六角筛、摇筛）	0.6	0.7	1.02	日光灯	0.9	0.6	1.33
收尘风机	0.75	0.85	0.62	窑炉	0.7	0.8	0.75
空气压缩机	0.7	0.85	0.75	油泵房	0.7	0.8	0.75
电加热器	0.8	0.98	0.2	水泵房	0.85	0.8	0.75
通风用风机	0.65	0.8	0.75	锅炉房	0.7	0.8	0.75
生产用风机	0.75	0.85	0.62	原料车间	0.6	0.7	1.02
水泵	0.8	0.85	0.62	机修车间	0.35	0.5	1.73
油泵	0.7	0.88	0.75	化验室	0.45	0.9	0.48
真空泵	0.8	0.85	0.75	提升机	0.75	0.75	0.88
磁选机	0.65	0.7	1.02	桥式起重机、电梯	0.2	0.5	1.73

注：计算车间用电负荷时，车间的设备容量不包括备用设备的用电量。

P 为有功计算负荷，按下式可求出无功计算负荷 Q（单位一般用 kvar）。

$$Q = P\tan\varphi$$

计算负荷 S（单位一般用 kVA）按下式计算：

$$S = \frac{P}{\cos\varphi} \text{ 或 } S = \sqrt{P^2 + Q^2}$$

计算电流 I（单位一般用 A）按下式计算：

$$I = \frac{S}{\sqrt{3}U_e} \text{ 或 } I = \frac{P}{\sqrt{3}U_e\cos\varphi}$$

式中：　　U_e——用电设备的额定电压（单位一般用 kV）；

φ，$\cos\varphi$，$\tan\varphi$——用电设备组的平均功率因素及对应的余弦值、正切值。

4.3.2　供配电

墙地砖陶瓷厂的供配电系统可根据电力负荷的大小和分布的特点来选择确定。

一般是厂变配电站从电力系统受电，经过变压，然后向各车间变配电间供电。如果厂房比较集中，电力容量不大，也可由厂变配电站直接向各车间进行工作电压配电。

变配电站（间）的布置应尽可能靠近电力负荷中心，高低压配电均应采用放射式为主。应避免低电压、大电流、长距离供电。

工厂功率因素应补偿至满足供电部门的要求，一般不低于0.9。应采用高压补偿和低压补偿相结合、集中补偿和就地补偿相结合的补偿方式。

供配电方案的确定应进行技术经济分析论证。

4.3.3 照明和通信

1. 车间照明

车间照明主要是满足操作人员对生产设备的运行、维护和检修的需要，多采用一般照明与局部照明相结合的混合照明，或者采用分区照明。在墙地砖陶瓷工厂中，除了有精密仪器、仪表的化验室和控制室等以外，一般对照度的要求不高。照度标准可参考表4-16。

表4-16 照度标准参考

序号	车间或地点名称	最低照度（lx）	序号	车间或地点名称	最低照度（lx）
1	天平室、化学分析室	75	7	粉料仓、下料坑、汽车库	10
2	工艺实验室、仪表控制室	40	8	原料库、成品库、通道、楼梯间	5
3	车间办公室、变电所	30	9	视觉要求较高的站台、码头和堆场	3
4	成型车间、变电所	25	10	一般站台、主要道路	0.5
5	烧成车间、包装车间	20	11	半机械化露天堆场、次要道路	0.2
6	原料车间	15			

由于厂房有粉尘聚焦降低了照度，要考虑减光补偿系数，见表4-17。

表4-17 照度补偿系数

环境污染特征	生产车间和工作场所	补偿系数		照明器擦洗次数（次/月）
		白炽灯、荧光灯和高压汞灯	卤钨灯	
清洁	中心控制室、化验室	1.3	1.2	1
一般	机电修理车间	1.4	1.3	1
污染	生产车间	1.5	1.4	2
室外		1.4	1.3	1

注：① 危险场所应设置安全照明，需要疏散人员的场所应设置疏散照明。
② 照明供电宜使用专线供电。

2. 通信

厂区电话系统宜采用市话直配方式，并同时设置传真及计算机网络。

必要时还应装置火警信号、报警信号及事故信号等，以便在发生事故时可以直接与有关单位报警联系。

大、中型工厂宜单独设置调度电话系统。调度电话总机宜有中继线至厂区电话总机。调度室和重要调度用户还应装设厂区电话，作为调度电话的备用。各车间办公室、值班室、控制室等主要生产岗位均应设调度分机。调度电话分机宜选用同一制式的分机。在有火灾、爆炸危险的场所应采用防爆型分机。

4.3.4 集中控制与连锁

墙地砖陶瓷工厂的生产系统由各生产车间组成，在车间生产的过程中，所用的机械设备较多，且设备安装分散，故在设计时，应考虑尽量将电气控制设备集中在车间的一处或几处，实行集中控制。目前，工厂大部分采用车间集中控制和生产岗位集中控制。

墙地砖工厂的许多部分是连续性生产，任何一个设备出现故障或发生事故，如果来料设备不及时停机，必将造成物料堵塞的不良后果，故在设计控制线路时，必须考虑逆生产流程的连锁。当一台设备因事故停机时，来料设备必须停止运转，其他设备则继续运转直至将物料运完。

采用集中控制与连锁，可以减少岗位操作工人，提高劳动生产率，改善劳动条件，保护人身和设备安全，提高生产和技术管理水平，并有利于向生产自动化方向发展。

4.4 给 排 水

工厂的给排水系统是保证生产和生活正常运行的重要组成部分。工厂用水可分为生产、生活、消防三类。

4.4.1 给水

1. 水源

一般情况下，工厂用水优先考虑当地自来水管网，但有时因远离市区，周边没有城市给水管网，或者是用水量较大，城市给水管网难以满足用水要求，这就要求工厂自备水流，形成一个完整独立的给水系统。

水源有地下水和地表水两大类。

地下水埋藏于地下，经过地层渗透过滤，受地面气候和其他污染因素影响较小，因此一般水质澄清，无色无味，水温稳定，但硬度较高，通常可不经净化处理直接供给无特殊要求的生产、生活和消防用水，是优先考虑选用的水源。但有些地下水矿物质很多，硬度高，甚至含有大量的氯化物、硫化物、氟化物和重金属离子等，则不宜用作水源。选地下水作为水源，地下水的取水量必须小于允许开采水量。

地表水一般流量大，水量较充沛，矿物质少，硬度低，但受气候影响变化幅度较大，枯水期的水量和水位与供水量有时相差很大。地表水易受污染，泥沙、有机物和细菌等的含量都较高，必须进行水质处理后方可用作水源。

在选择水源时，必须综合考虑水量、水质、农业水利的综合利用、取水、输水、处理设施，以及施工、管理和维护等各种因素，在技术经济分析论证的基础上确定。

2. 用水量

(1) 生产用水量应根据生产工艺的要求计算确定。

(2) 厂区生活用水量采用 3.5L/(人·班)，小时变化系数为 3.0，用水时间为 8h；厂区淋浴用水量为 60L/(人·班)，淋浴延续时间为 1h。

(3) 浇洒道路和场地用水量宜采用 1.5～2.0L/(m²·次)。浇洒次数为 2～3 次/d；绿

化用水量宜采用 $2.0\sim4.0L/(m^2\cdot次)$，浇洒次数为 1 次/d。

（4）实验室、化验室用水宜采用 $3\sim5m^3/d$，用水时间为 8h；机电修理车间用水量宜采用 $10\sim20m^3/d$，用水时间为 8h。

（5）冲洗汽车用水量和公共建筑生活用水量应符合国家标准《建筑给水排水设计标准》（GB 50015—2019）的有关规定。

（6）设计不可预见用水量，可按生产、生活总用水量的 $15\%\sim30\%$ 计算。

（7）消防用水量应按国家标准《建设设计防火规范》（GB 50016—2014）的有关规定执行。

4.4.2　排水

陶瓷墙地砖厂产生的废水有三种：工业废水、生活污水和雨、雪水。

工业废水是生产过程中产生的废水。由于车间的性质及生产过程各不相同，因此所产生的废水的性质有显著的差异。

墙地砖厂产生的工业废水：有的工业废水比较清洁，如用于冷却设备的冷却水，使用之后只升高温度，水质没有受到污染或只受到轻微污染；有些工业废水中可能含有酚和碱，甚至是有毒的物质；还有的工业废水含有各种工业原料（如泥料），以及生产过程产生的一些废料（如废瓷粉）。

生活污水来自卫生间、浴室、公共食堂、厨房等场所，这类污水中含有大量的有机物与细菌等。

雨、雪水一般比较清洁，仅有泥沙和轻微污染。

一般来说，工业废水经过中和、除油、沉淀等处理设施处理后循环使用。目前，陶瓷墙地砖工厂已实现工业废水零排放；生活污水经处理达标后可排入雨水排水系统，或经管沟排向城市污水处理厂；雨水宜单独排放。

5　技术经济

　　技术经济分析是设计工作的一个重要组成部分，也是对设计的全面论证和评价。简单来说，技术经济分析就是科学技术为经济服务，并符合和遵循经济发展的原则和规律，从而以最小消耗取得最大的效益。基本建设和技术改造工程要求技术先进成熟，设备高效可靠，力求环保节能、投资少、速度快、经济效益和社会效益高。技术和经济之间存在相互依赖和相互统一的关系，因为任何生产技术的社会实践必须消耗人力、物力和财力，也脱离不开经济。但由于各方面因素的影响，技术和经济之间也常常存在相互对立、相互矛盾和相互制约的一面。如某项技术比较先进，但当地不具备相应的经济条件和技术条件，因此也不能推广使用。或者该先进技术没有经过工业化生产的检验，此时工厂设计不能采用，否则经济风险就很大。综上所述，设计中技术经济分析工作的基本任务就是对各种工艺技术方案的经济效果进行计算、对比、分析和论证，最终找出技术先进成熟、经济合理可靠的最佳方案。

　　技术经济分析对专业知识要求高，且内容广泛，本章仅介绍陶瓷工厂设计中最基本的技术经济分析，包括编制总概算、投资、产品成本估算、利润和税金、劳动定员及评价指标。

5.1　总概算的编制

　　总概算是初步设计的重要组成部分，是合理确定和有效控制工程造价的重要环节，是编制固定资产投资计划、签订建设项目承包合同和贷款合同的依据，是控制施工图预算、考核工程设计经济合理性的依据。

　　总概算投资应包括项目从筹建开始到全部工程竣工、投产和验收所需的全部建设费用。全厂性工程的设计概算包括概算编制说明、总概算表、单项工程综合概算表和单位工程概算表。

5.1.1　概算文件的构成和内容

1. 概算的构成

1) 按费用用途划分，其构成为：

(1) 工程费用（建筑工程费、设备及工器具购置费、安装工程费）；

(2) 工程建设其他费用；

(3) 预备费（基本预备费、涨价预备费）；

(4) 建设期财务费用（建设期借款利息、其他融资费用）。

2) 按费用形态划分，其构成为：

(1) 建设投资静态部分，包括：

① 工程费用（建筑工程费、设备及工器具购置费、安装工程费）；

② 工程建设其他费用；

③ 基本预备费。

（2）建设投资动态部分，包括：

① 涨价预备费；

② 建设期财务费用。

3）概算构成（表 5-1）

表 5-1　概算构成

建设投资概算构成	1. 工程费用	1) 建筑工程费 2) 设备及工器具购置费 3) 安装工程费		静态部分
	2. 工程建设其他费用	1) 建设管理费	① 建设单位管理费 ② 工程建设监理费 ③ 工程项目管理费	
		2) 建设用地费	① 土地征用费及迁移补偿费 ② 土地使用税、耕地占用税、新菜地开发基金 ③ 土地使用费	
		3) 工程地质勘察费 4) 可行性研究费 5) 工程设计费 6) 环境影响咨询费 7) 安全评价费 8) 研究试验费 9) 临时设施费 10) 联合试运转费 11) 城市基础设施配套费 12) 工程保险费		
		13) 生产准备及开办费	① 培训费及提前进厂费 ② 办公及生活家具购置费	
		14) 工程量清单（或预算、标底）编制费 15) 施工图审查费 16) 其他		
	3. 预备费	1) 基本预备费 2) 涨价预备费		动态部分
	4. 建设期财务费用	1) 建设期借款利息 2) 其他融资费用		

2. 概算中工程项目的划分

概算中工程项目的划分，见表 5-2。

表 5-2 概算中工程项目的划分

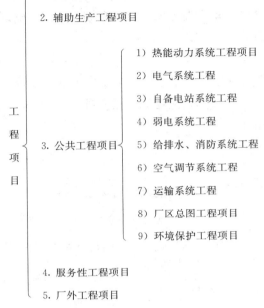

1）主要生产工程项目

直接生产产品的工程项目及厂区工艺管网。

2）辅助生产工程项目

质检中心（含化验、计量）、仓库、机（电、仪）修车间、工（模）具车间等。

3）公共工程项目

（1）热能动力系统工程项目：锅炉房、换热站、压缩空气站、煤气站、制冷站、调压站、厂区动力管网等；

（2）电气系统工程：厂区变（配）电站、厂区电力线路；

（3）自备电站系统工程；

（4）弱电系统工程：电话、电视、监控、防盗及安全报警、广播及指挥信号系统等；

（5）给排水、消防系统工程：厂区内室外给排水管网（沟）、给水净化、泵房、水塔、水池、循环水设施，其他给排水设施、设备及消防系统设施；

（6）空气调节系统工程；

（7）运输系统工程：码头及栈桥、铁路专用线、汽车库、架空索道及汽车、车皮、船舶等运输工具的购置；

（8）厂区总图工程项目：厂区道路、围墙、大门、传达室、厂区场地平整及大型土石方工程、防洪工程等；

（9）环境保护工程项目：三废治理、环境监测、综合利用、绿化及其他污染防范措施。

4）服务性工程项目

办公楼、食堂、医务室、浴室及厕所、自行车棚、职工（倒班）宿舍、招待所、开水锅炉房、图书馆、俱乐部等。

5）厂外工程项目

厂区以外的水源、给排水、供电、公路、通信（电话、电视、广播、网络等）、铁路、码头、原料及燃料输送管线、料场、渣场等工程项目。

3. 概算中工程费用的划分

概算中工程费用的划分，见表 5-3。

表 5-3 概算中工程费用的划分

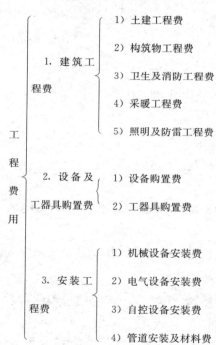

1）建筑工程费

（1）土建工程费

包括生产及辅助生产的厂房、仓库、办公、生活及其他用途的房屋建筑，大型土石方工程、场地平整、道路、围墙、大门、栈桥、隧道、涵洞、站台、码头及绿化工程费用。

（2）构筑物工程费

包括设备基础、操作平台、烟囱、水塔、池、槽、（室外独立）管架、管沟、电缆沟、钢筋混凝土冷却塔等工程费用。

（3）卫生及消防工程费

包括室内给排水管道、卫生设施及消防设施等工程费用。

（4）采暖工程费

包括室内采暖系统工程费用。

（5）照明及防雷工程费

包括建筑物的照明系统及避雷设施等工程费用。

2）设备及工器具购置费

（1）设备购置费

指主要及辅助生产项目、公共工程及服务用工程项目等的专业设备、通用机电设备、电梯、各种仪器仪表、弱电系统、运输车辆及办公设备等购置费用，控制设备及构成固定资产的设备、备品备件和设备内部首次填充物的购置费用，以及为工业通风、除尘、超净、空调、隔声工程服务的设备购置费用。按以下分类：

① 机械设备购置费；

② 电气设备购置费；

③ 自控设备购置费。

（2）工器具购置费

指建设项目为保证初期正常生产所需购置的（第一套不够固定资产标准的）仪器、工（卡、模、量）具、器具及生产家具的费用。

3）安装工程费

（1）机械设备安装费。包括各种机械设备及其配套电机、电器等附件，安装施工时的设备衬里、填料、防腐及保温等工程费用、设备支架底座、钢平台、梯子等安装费用。

（2）电气设备安装费。包括电力电缆（线）、管的安装敷设、避雷设施安装等工程费用。

（3）自控设备安装费。包括电力及控制电缆（线）、管的安装敷设费用。

（4）管道安装及材料费。包括工艺、供热、供气、给排水、通风、除尘、净化、空调、煤气等各种工业管道敷设安装、防腐、保温及室内、室外支吊架等工程费用。

4. 工程建设其他费用

其他费用包括以下项目：建设管理费（建设单位管理费；工程建设监理费；工程项目管理费）、建设用地费（土地征用费及迁移补偿费；土地使用税、耕地占用税、新菜地开发基金；土地使用费）、工程地质勘察费、可行性研究费、工程设计费、环境影响咨询费、安全评价费、研究试验费、临时设施费、联合试运转费、城市基础设施配套费、工程保险费、生产准备及开办费（培训费及提前进厂费；办公及生活家具购置费）、工程量清单

（或预算、标底）编制费、施工图审查费、不可预见费用。

上述所列工程建设其他费用科目，应根据项目所在地规定和项目实际情况确定。

5. 预备费

预备费包括基本预备费和涨价预备费。

6. 建设期财务费用

建设期财务费用包括建设期借款利息和其他融资费用。

7. 单项工程综合概算

单项工程综合概算是总概算的组成部分，是确定单项工程造价的文件，它由单位工程概算综合而成。单项工程综合概算应根据单位工程概算项目名称对应填列，一般内容可按下列顺序编制：

1）建筑工程费，包括：

（1）土建工程费；

（2）构筑物工程费；

（3）卫生及消防工程费；

（4）采暖工程费；

（5）照明及防雷工程费。

2）设备及工器具购置费，包括：

（1）机械设备购置费；

（2）电气设备购置费；

（3）自控设备购置费；

（4）车间化（检）验设备购置费；

（5）工器具购置费。

3）安装工程费，包括：

（1）机械设备安装工程（包括填充、防腐、保温）费；

（2）电气设备安装费；

（3）自控设备安装费；

（4）管道（包括防腐、保温）费。

4）小型或单体工程建设项目可以不编制综合概算，直接在单位工程概算的基础上编制总概算。

8. 单位工程概算

单位工程概算是编制单项工程综合概算的依据，由设备购置费和建筑安装工程费组成。设备购置费指一切需要安装与不需要安装的设备购置费用，包括设备的出厂价格、设备运杂费和备品备件购置费。建筑安装工程费由直接费、间接费、利润和税金组成。其中，直接费由直接工程费和措施费组成；间接费由规划管理费和企业管理费组成。建筑安装工程费用项目详细内容组成见表5-4。

表 5-4　建筑安装工程费用项目组成

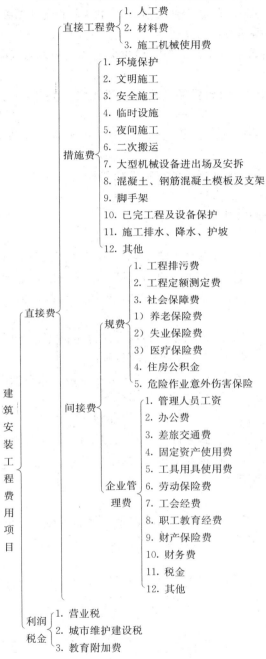

5.1.2　概算编制依据和方法

1. 编制依据

（1）批准的可行性研究报告及有关批文。

（2）专门机构发布的工程造价编制标准和有关政策、规定。

（3）初步设计项目一览表。

（4）能满足编制设计概算的各专业经过校审并签字的设计图纸、文字说明、主要设备表和材料表。其中主要内容有：

① 建筑专业提交建筑平、立、剖面图和初步设计文字说明（应说明或注明装修标准、门窗尺寸、洞口尺寸）；

② 结构专业提交结构平面布置图、构件截面尺寸、特殊构件配筋率及其他建（构）筑物结构特征一览表或相关工程量；

③ 给排水、电气、采暖通风、空气调节、动力等专业的平面布置图或文字说明、主要设备表和材料表。

（5）工程所在省、市、地区现行的工程造价指标及各种费用、费率标准。

（6）设备、材料价格计算方法。

2. 建筑工程概算编制方法

1）主要生产工程项目

主要生产工程项目建筑工程概算，应根据初步设计图纸计算工程量，按工程所在省、市、地区现行的有关工程造价计价办法进行计算。如工程所在地无概算定额和指标时，可参照相邻地区工程造价计价办法或类似工程的造价进行编制，但应按工程所在地实际情况进行调整。

在计算主要工程量之外，应适当增加各项无法计量的零星工程费用，标准按工程所在地规定，如当地无标准，可用零星工程费费率计算：

$$零星工程费用＝工程直接费×零星工程费费率$$

零星工程费费率参见本章附表中的概算指标 6。

2）辅助生产工程、公共工程、服务性工程和其他工程项目

辅助生产工程、公共工程、服务性工程及其他工程项目的建筑工程概算，可按工程所在地近期类似工程预、决算资料，以单位造价进行计算。

3. 设备购置费的编制方法

1）设备购置费

根据初步设计文件中设备一览表所列的设备型号、规格、数量进行计算：

$$国内设备购置费＝设备原价＋设备运杂费$$

2）设备原价

（1）工艺设备、通用设备采用生产厂家近期报（询）价进行计算；

（2）非标设备可按类似设备及有关资料估价计算。

3）设备运杂费

设备运杂费包括运输费（含保险费）、包装费、装卸费、仓储保管费等，但不包括超限设备运输措施费，设备、材料的二次搬运费。具体可按照以下公式计算：

$$设备运杂费＝设备原价×设备运杂费费率$$

设备运杂费费率按本章附表中的 A3.1 计算。

4）车辆购置税

车辆购置税征收范围包括汽车、摩托车、电车、挂车、农用运输车。车辆购置税实行从价定率的办法计算纳税额。应纳税额的计算公式为：

$$应纳税额＝计税价格×税率$$

计税价格为购买应税车辆而支付给销售者的全部价款和价外费用，但不包括增值税税款。车辆购置税税率参见本章附表中的概算指标6。

5）运输措施费

运输措施费指超限设备运输的特殊措施费。凡符合下列条件之一者，均为超限设备：长度大于18m，宽度大于3.4m，高度大于3.1m，净重大于40t。如该种类型的超限设备多，其运输措施费可按上限运输费费率估算列入总概算。

4. 工（器）具购置费的编制方法

工（器）具购置费可按照以下公式计算：

$$工（器）具购置费＝设备原价×工（器）具购置费费率$$

工（器）具购置费费率，按本章附表中的概算指标日用硅酸盐2%或概算指标2中的指标计算。

5. 安装工程费的编制方法

1）设备安装工程费

设备安装工程费指主要生产工程、辅助生产工程、公共工程及其他工程的机械设备、电气设备及自动控制设备的安装费。

（1）设备安装工程内容

① 安装前的准备工作，设备、材料的领取、开箱检查及搬运；

② 基础的检查验收、清理、划线；

③ 设备的清洗、刮研、调整、装配、吊装、找平、找正、连接、固定；

④ 附属电机、控制柜、仪表、电气开关等的安装与接线，随机带来的钢结构附件安装以及各种一次填料、触媒及化学药品的装入；

⑤ 设备的滑润注油、脚手架的搭拆和基础的二次灌浆；

⑥ 设备的衬里、防腐、隔热等；

⑦ 设备的水压、气压或气密性试验和单机试车。

（2）设备安装工程费

$$设备安装工程费＝设备原价×设备安装工程费费率$$

设备安装工程费费率，按本章附表中的概算指标日用硅酸盐5%～7%（窑炉除外）或概算指标2计算。不需要安装的设备及其配套的电机、电气及其附件不计安装费。

（3）旧设备进行加工改装所需费用

旧设备进行加工改装所需费用一并列入购置费；利用原有设备拆装时，不计设备购置费，但在概算中应计算拆装费用。拆除费费率按安装费费率的30%～50%计算，并以同类型新置价格为基价，编制安装费。

2）工业管道安装工程费

（1）工业管道安装工程内容

工业管道安装主要指生产工程项目内各种物料输送管道以及与生产有关的供汽（气、油）管道、给排水管道、煤气管道等的安装。

（2）工业管道安装工程费

工业管道安装工程费的计算分为按定额计算及按设备原价计算两种方法。

① 按定额计算

根据初步设计各专业提供的材料表，按工业管道安装定额进行编制。

② 按设备原价计算

$$工业管道安装费＝设备原价×工业管道安装费费率$$

工业管道安装费费率，按本章附表中的概算指标 2 中的指标或按日用硅酸盐 5%～8%（窑炉除外）计算。

3）现场零星加工制作安装费

现场零星加工件制作安装费包括非标构架、构件、接斗、料槽、设备附属支架、有车轨、梯子等的制作安装费用，可用零星加工件制作安装费费率进行计算。

$$零星加工件制作安装费＝设备原价×零星加工件制作安装费费率$$

零星加工件制作安装费费率，按本章附表中的概算指标 6 中的指标计算。

6. 工程建设其他费用的编制方法

1）建设管理费

建设管理费指建设单位从项目筹建开始直至办理竣工决算为止发生的项目建设管理费用。

（1）建设单位管理费

建设单位管理费指建设单位发生的管理性质的开支。费用内容包括：工作人员的工资、工资性补贴、施工现场津贴、职工福利费、住房基金、基本养老保险费、基本医疗保险费、失业保险费、工伤保险费、办公费、差旅交通费、养老保险费、劳动保护费、工具用具使用费、固定资产使用费、必要的办公及生活用品购置费、必要的通信设备及交通工具购置费、零星固定资产购置费、招募生产工人费、技术图书资料费、业务招待费、工程招标费、合同契约公证费、法律顾问费、咨询费、工程质量监督检测费、审计费、完工清理费、竣工验收费、印花税和其他管理性开支。

建设单位管理费应按委托合同计列，或按行业规定的，以建设投资中的工程费用为基数乘以建设单位管理费费率计算，具体公式为：

$$建设单位管理费＝工程费用×建设单位管理费费率$$

建设单位管理费费率，参见本章附表中的概算指标 4。

（2）工程建设监理费

工程建设监理费指建设单位委托工程监理单位实施工程监理的费用。工程建设监理费应根据委托的监理工作范围和监理深度按监理合同中商定的费用计列，或以监理工程的工程费用为基数乘以国家规定的收费标准计算。计算公式为：

$$工程建设监理费＝工程费用×工程建设监理费费率$$

工程建设监理费费率，参见本章附表中的概算指标 5。

（3）工程项目管理费

工程项目管理费指建设单位委托工程项目管理单位实施工程项目管理的费用。工程项目管理费应根据委托的工程项目管理的具体方式及服务内容，按工程项目管理合同中商定的费用计列，或依据工程的工程费用为基数，乘以规定的收费标准计算。计算公式为：

$$工程项目管理费＝（工程费用＋工程建设其他费用）×工程项目管理费费率$$

工程项目管理费费率，参见本章附表中的概算指标 6。

2）建设用地费

建设用地费指建设项目征用土地或租用土地应支付的费用。

（1）土地征用费和迁移补偿费

土地征用费和迁移补偿费指建设项目通过出让方式取得的土地使用权（或通过划拨方式取得无限期的土地使用权）而支付的土地补偿费、安置补偿费、地上附着物和青苗补偿费、余物迁建补偿费、土地登记管理费等；行政事业单位通过出让方式取得土地使用权而支付的出让金；土地复垦和土地损失补偿费用；建设期临时占地补偿费。土地征用费和迁移补偿费根据应征建设用地面积、临时用地面积，按建设项目所在地政府制定颁发的各项补偿费标准计算。

（2）耕地占用税、土地使用税、新菜地开发建设基金

耕地占用税、土地使用税、新菜地开发建设基金指征用耕地按规定一次性缴纳的耕地占用税；征用城镇土地在建设期间按规定每年缴纳的城镇土地使用税；征用城市郊区菜地规定缴纳的新菜地开发建设基金。

耕地占用税根据建厂所在地政府规定的占用税指标计算。即：

$$耕地占用税税额＝占用耕地面积×单位耕地税额指标$$

城镇土地使用税按国家规定，建设期的土地使用税按当地政府制定的土地使用税指标计算。凡缴纳了耕地占用税的，土地使用税在土地征用第二年起缴纳；不需缴纳耕地占用税的非耕地，从征用之次月起征收。

$$土地使用税税额＝实际占用的土地面积×单位土地使用税税额$$

新菜地开发建设基金按项目所在地规定计算。

（3）土地使用费

土地使用费指建设项目为取得土地使用权而支付的费用。当建设项目采用"一次性支付"取得土地使用权，其土地使用费按约定计入建设用地费。当建设项目采用"长租短付"取得土地使用权的，其建设期的土地使用费计入建设用地费，生产期的土地使用费按年计入产品总成本。

3）勘察设计费及可行性研究费

勘察设计费及可行性研究费指委托勘察设计单位进行勘察设计时，按国家取费标准和有关规定应支付的工程勘察费、初步设计费（基础设计费）、施工图设计费（详细设计费）；在规定范围内由建设单位自行勘察设计所需的费用；为本建设项目编制和评估项目建议书（或预可行性研究报告）、可行性研究所需的费用。勘察设计费及可行性研究费按委托合同商定的费用计列，或按国家有关部委（项目所在地政府）颁发的工程勘察、设计、咨询收费标准计算。

4）环境影响咨询费

环境影响咨询费指委托环境影响咨询单位，编制环境影响报告书（含大纲）、环境影响报告表和评估环境影响报告书（含大纲）、环境影响报告表等所需的费用。环境影响咨询费按委托合同商定的费用计列，或按国家有关部委颁发的环境影响咨询收费标准和项目所在地政府规定的标准计算。环境影响咨询收费标准，参见本章附表中的 A7.1。

5）安全评价费

安全评价费指委托安全评价单位，编制安全预评价报告书、安全验收评价报告等

所需的费用。安全评价费按委托合同商定的费用计列，或按国家有关部委颁发的收费标准和项目所在地劳动行政部门规定的标准计算。安全评价收费标准，参见本章附表中的 A7.2。

6）研究试验费

研究试验费指为本建设项目提供或验证设计数据、资料进行必要的研究试验及按照设计规定在施工过程中必须进行试验所需的费用，但不包括如下费用：

（1）应由科技三项费用（新产品试制费、中间试验费和重要科学研究补助费）开支的费用；

（2）应在建筑安装费用中列支的施工企业对建筑材料、构件和建筑物进行一般鉴定、检查所发生的费用，以及技术革新的研究试验费；

（3）应由勘察设计费或工程建设投资中开支的项目。

研究试验费一般按设计提出的研究试验内容和要求，经与设计单位协商后列入概算，在初步设计审查时确定。

7）临时设施费

临时设施费指为满足施工建设需要而供到场地界区的临时水、电、路、通信、气等工程费用和建设单位的现场临时建（构）筑物的搭建、维修、拆除、摊销或建设期间租赁费用，以及施工期间专用公路养护费、维修费，但不包括已经列入建筑安装工程费用中的施工单位临时设施费用。

新设项目的临时设施费应根据实际工程量估算，或按工程费用的比例计算：

$$临时设施费＝工程费用×临时设施费费率$$

临时设施费费率，参见本章附表中的概算指标 6。

既有项目一般只计算拆除清理费。发生拆除清理费时，可按新设同类项目工程造价或主材费、设备费的比例计算。

8）联合试运转费

联合试运转费指所建工程项目，在交付生产前按照设计规定的工程质量标准和技术要求，进行整个生产线或装置的负荷联合试运转所发生的费用净支出（试运转支出大于收入的差额部分的费用及必要的工业炉烘炉费）。试运转支出包括试运转期间所需的原材料、燃料及动力消耗费用、低值易耗品、其他物料消耗、工具用具使用费、机械使用费、保险费、施工单位参加联合试运转人员的工资及专家指导费等，但不包括应由设备安装工程费用开支的调试及单机试车费用。

一般工程建设项目的联合试运转费，可按规定的试运转天数的产量所消耗原材料、燃料及动力、工资及福利费、其他费用之和进行计算，不计其回收价值。值得注意的是，凡与化工生产类似的工程项目的联合试运转费，可能发生亏损时，可按单项工程费用总和的比例计算。不发生试运转的工程或试运转收入和支出相抵的工程，不列此项费用。试运转收入为试运转期间所生产的产品及副产品的销售收入。试运转天数与比例，参见本章附表中的概算指标 6。

9）生产准备及开办费

生产准备及开办费指建设项目为保证正常生产（或营业、投入使用）而发生的人员培训费及提前进厂费、投产初期必备的生产办公和生活家具购置费。

（1）培训费及提前进厂费

培训费及提前进厂费包括人员工资、工资性补贴、职工福利费、差旅交通费、劳动保护费、学习费等。培训费及提前进厂费按费用定额计算，或参照工程项目所在地的工资水平及各种津贴、补助标准等实际情况进行计算。具体包括：

① 提前进厂、培训时间：一般生产工人提前进厂期不超过 12 个月，其中培训期不超过 6 个月。

② 培训比例：培训人数一般不超过设计定员的 60％，采用国外新工艺、新技术的可增加到 70％～80％。

③ 培训费：

$$培训费＝培训人员×费用定额$$

④ 提前进厂费：

$$提前进厂费＝提前进厂人员×费用定额$$

不增加新工艺的既有项目不计算生产工人培训费，仅计算提前进厂费。

培训费、提前进厂费费用定额，参见本章附表中的概算指标 6。

（2）办公和生活家具购置费

① 费用内容

办公和生活家具购置费指为保证新设项目、既有项目投产初期正常生产和管理所必须购置的生产办公和生活家具的费用。

② 计算方法

a. 新设项目：

$$办公和生活家具购置费＝全厂设计定员总人数×费用定额$$

b. 既有项目：

$$办公和生活家具购置费＝新增设计定员总人数×费用定额$$

办公和生活家具购置费费用定额，参见本章附表中的概算指标 6。

10）工程保险费

工程保险费指建设项目在建设期间根据需要对建筑工程、安装工程及机器设备进行投保而发生的保险费用。包括建筑工程一切险和安装工程一切险（包括第三者责任险）。

工程保险费根据投保合同商定的费用计列，或按工程费用的比例计算：

$$工程保险费＝工程费用×费用比例$$

工程保险费费用比例，参见本章附表中的概算指标 6。

11）其他费用

其他费用指城市基础设施配套费、工程量清单（或预算、标底）编制费、施工图审查费等项目需要的，而本办法未列出的费用。

按委托合同商定的费用计列或按国家或当地政府部门的有关规定计算。

7. 预备费

1）基本预备费

基本预备费指项目在初步设计以后的实施中可能发生难以预料的支出，主要指在技术设计、施工图设计及施工过程中工程量增加、设计变更、一般自然灾害等可能增加的工程（采取的措施）和费用。

基本预备费＝(工程费用＋工程建设其他费用)×基本预备费费率

基本预备费费率，参见本章附表中的概算指标 6。

2）涨价预备费

涨价预备费指项目在建设期内可能发生材料、设备、人工等价格上涨而引起工程费用增加的费用。

涨价预算费以建筑工程费、设备及工器具购置费、安装工程费之和为计算基数，公式为

$$PC = \sum_{t=1}^{n} I_t \left[(1+f)^t - 1 \right]$$

式中：　PC——涨价预备费；

I_t——建设开始起第 t 年工程费用计划使用额；

f——建设期价格上涨指数，按国家公布的投资价格指数计算；

m——建设期。

8. 建设期财务费用

1）建设期贷款利息

各年应计利息＝(年初借款本息累计＋本年借款额/2)×年利率

其中，年利率为国家公布的现行贷款利率。

2）其他融资费用

其他融资费用指建设期内为筹集建设项目所需资金过程中支付的一次性费用，如承诺费、手续费、担保费、代理费及其他财务费用。其他融资费用按国家相关规定计算。

总概算表参见表 5-5。

表 5-5　总概算表　　　　　　　　　　　　　　　　　　　（万元）

序号	工程或常用名称	建筑工程	设备及工器具购置	安装工程	其他费用	总计	其中：外币	技术经济指标		
								单位	数量	指标
一	工程费用									
1	主要生产工程项目									
1.1										
1.2										
	小计									
	其中：外币									
2	辅助生产工程项目									
2.1										
2.2										
	小计									
3	公共工程项目									
3.1	热能动力系统工程									

续表

序号	工程或常用名称	建筑工程	设备及工器具购置	安装工程	其他费用	总计	其中：外币	技术经济指标		
								单位	数量	指标
3.2	自备电站系统工程									
3.3	弱电系统工程									
3.4	给排水、消防系统工程									
3.5	空气调节系统工程									
3.6	运输系统工程									
3.7	厂区总图工程									
3.8	环保工程项目									
	小计									
4	服务性工程项目									
5	厂外工程项目									
	工程费用合计									
	其中：外币									
二	工程建设其他费用合计									
	其中：外币									
三	基本预备费									
	建设投资静态部分合计（一＋二＋三）									
四	涨价预备费									
五	建设期财务费用									
1	建设期借款利息									
2	其他融资费用									
	建设投资动态部分合计（四＋五）									
	建设投资合计									
	其中：外币									

注：表中外币的单位是"万美元"。

5.2　投　资

5.2.1　建设投资

总概算包括项目从筹建开始到全部工程竣工，投产和验收所需的全部建设费用，即建设投资。

5.2.2 流动资金

流动资金是指生产经营性项目投产后，为进行正常的生产运营，用于购买原材料、燃料等，支付工资及其他经营费用等所需的周转资金。因为项目的生产经营过程是连续不断的，流动资金就需不断地投入，所以流动资金是项目生产经营活动正常进行必需的资金保证，是项目总投资的重要组成部分。流动资金估算方法可分为扩大指标估算法和分项详细估算法。

扩大指标估算法是一种简化的流动资金估算方法，一般可参照同类企业流动资金占销售收入、经营成本的比例，或者单位产量占用流动资金的数额估算。一般可按销售收入（产值）的15%～20%估算流动资金。铺底流动资金不低于流动资金的30%。

分项详细估算法是指根据生产经营所需各项定额流动资金的主要项目分别进行估算，进而加以汇总得出流动资金需要量的一种方法。

5.2.3 项目总投资

$$项目总投资＝建设投资＋铺底流动资金$$

5.2.4 项目总资金

$$项目总资金＝建设投资＋流动资金$$

表5-6为项目投入总资金构成表。

表 5-6 项目投入总资金构成表

序号	项目	投资额		占建设投资的比例（%）	占项目投入总资金的比例（%）
		合计（万元）	其中：外币（万美元）		
1	建设投资				
1.1	工程费用				
1.1.1	建筑工程费				
1.1.2	设备及工器具购置费				
1.1.3	安装工程费				
1.2	工程建设其他费用				
1.3	预备费				
1.3.1	基本预备费				
1.3.2	涨价预备费				
1.4	建设期财务费用				
1.4.1	建设期借款利息				
1.4.2	其他融资费用				
2	流动资金				
	其中：铺底流动资金				

续表

序号	项目	投资额		占建设投资的 比例（%）	占项目投入 总资金的比例 （%）
		合计 （万元）	其中：外币 （万美元）		
3	项目投入总资金（1+2）				
	其中：融资前投入总资金 （1+2−1.4）				
4	项目总投资（1+铺底流动资金）				

5.2.5　投资指标

投资指标是考核基本建设经济效果的主要指标之一。为了提高基本建设的经济效果，必须千方百计地降低投资。投资指标可从以下几个方面进行评估：

（1）单位产品占用建设投资（元/m²）；

（2）百元销售收入占用项目投入总资金（元/百元销售收入）；

（3）百元销售收入占用建设投资（元/百元销售收入）；

（4）百元销售收入占用流动资金（元/百元销售收入）；

（5）投资强度（万元/公顷）。

5.3　产品成本估算

5.3.1　直接原材料费用估算

直接原材料是指项目在生产过程中消耗的原材料和有助于产品生产的辅助材料，备品配件、外购半成品、燃料、动力、包装物以及其他直接材料。直接原材料费用的估算是否准确，关键是确定合理的原材料单价和消耗定额。直接原材料单价的确定一般可以采用该产品前三年（或两年）的平均价格，再考虑一定的物价上涨因素。这样可以减少市场价格变动的影响，使直接原材料的价格趋于合理。原材料消耗定额则要按主管部门或有关文件（如可行性研究报告等）确定的有关参数进行估算，如果没有规定具体的参数，可参照同类型项目的消耗情况进行估算。如果有规定的消耗定额，一般有一定的幅度和一定的限制条件。因此，在估算中，可根据拟建项目的规模、技术装备水平等因素确定消耗水平的上、下限。对于建设规模较大、技术装备水平较先进的项目，原材料消耗定额可采用下限；反之，则采用上限。项目生产产品的直接原材料费用可用以下公式进行估算：

直接原材料费用=单位产品的原材料耗用量×年产量×原材料单价

各种原材料应逐项计算。对于耗用量不大的品种，则可粗略估算。

5.3.2　燃料及动力费用的估算

燃料是指直接用于产品生产，为生产提供各种热能的各种燃料，如煤、油、天然气等。动力则是指直接用于生产的水、电、气、风等。燃料及动力费的估算应是在确定燃料、动力的合理单价及单位耗量的基础上进行，用公式表示如下：

$$燃料动力费用＝单位耗量×年产量×燃料、动力单价$$

应逐项计算，也可通过计算各种燃料、动力的年耗用量，然后乘以各自单价即可。

5.3.3　职工工资的估算

职工工资包括项目所有职工的工资、奖金、津贴和补贴。它的估算一般采用同类型项目人均年工资水平推算，即：

$$职工工资＝同类型项目人均年工资×本项目设计定员$$

5.3.4　职工福利费估算

职工福利费的估算是按照工资全额计算的，可按照以下公式计算：

$$职工福利费＝职工工资总额×14\%$$

在估算制造费用、管理费用、销售费用时，应扣除职工工资及福利费等估算的因素，以避免重复估算。

5.3.5　制造费用的估算

制造费用包括项目各个生产单位（分厂、车间）为组织和管理生产所发生的有关费用。一般采用简便的估算方法，即：

$$制造费用＝折旧费＋修理费＋其他制造费用$$
$$折旧费＝（固定资产原值－估计残值）/使用年限$$
$$修理费＝固定资产原值×修理费综合费率$$

其他制造费用＝（直接原材料费＋燃料、动力费＋职工工资＋职工福利费）×综合费率

5.3.6　管理费用的估算

管理费用是指项目行政管理部门和组织生产经营活动所发生的各项费用。它的估算主要视项目的具体情况和项目的建设规模而定。

5.3.7　财务费用的估算

财务费用是项目在生产经营过程中所发生的借款利息支出。正常年成本的财务费用仅考虑流动资金贷款利息。

5.3.8　销售费用的估算

销售费用主要是指在销售过程中所发生的有关费用，以及专设销售机构所发生的各项费用。一般为销售收入的 $5\%\sim10\%$。

通过以上逐项估算，项目的成本费用就可以得到确定：

制造成本＝直接原材料费＋燃料、动力费＋职工工资＋职工福利费＋制造费用
制造费用＝折旧费＋修理费＋其他制造费
生产成本＝制造成本＋管理费用＋财务费用
总成本（也可称销售成本）＝生产成本＋销售费用

经营成本＝总成本－折旧费－摊销费－借款利息

总之，项目的成本费用估算应遵循国家现行的企业财务会计制度规定的成本和费用核算方法，同时应遵循有关税收制度，当二者发生矛盾时，一般应按从税的原则处理。同时，由于各行业成本费用的构成各不相同，故在进行项目成本费用估算时应结合行业特点并按行业规定来进行处理，制造业则可直接采用上述方法进行估算。也可将总成本划分为固定成本（或不变成本）和可变成本。固定成本是指在一定限度内不随产量变化而变化的那部分费用，一般包括职工工资（计时工资）、职工福利费、折旧费、摊销费（无形资产及其他资产分年摊销额，摊销年限一般为 5～10 年。如专利使用费、非专利技术使用费等）、修理费和其他费用等，通常也将项目运营期发生的全部利息作为固定成本；可变成本一般是指随产量变化而发生变化的那部分费用，一般包括直接原材料费、燃料及动力费、计件工资等。

5.4　利润和税金

5.4.1　项目建成后年收入的估算

对拟建项目建成后年收入的估算，主要是对项目年销售收入的估算。它可以根据项目的年设计生产能力、生产能力利用率、产品销售价格及生产产品数量来进行估算。假设项目的产销率为 100%，即：

项目的年销售收入＝产品销售价格×项目的设计生产能力×生产能力利用率

5.4.2　销售税金的估算

销售税金是工业企业因发生销售业务而在销售环节缴纳的、直接从销售收入中支付的税金。估算可参考以下计算公式：

销售税金＝增值税＋城市维护建设税＋教育费附加

1. 增值税

增值税是商品或劳务增值额为征税对象而征收的一种税。增值额是指商品或劳务在某一生产流通环节由企业新创造的价值量。增值税是以商品或劳务的流转额为计税依据，并实行税款抵扣制度计算征收的一种流转税。

销售收入(不含税)＝销售收入÷(1＋增值税率)

可变成本(不含税)＝可变成本÷(1＋增值税率)

当期销项税额＝销售收入－销售收入(不含税)

或＝销售收入÷(1＋增值税率)×增值税率

当期进项税额＝可变成本－可变成本(不含税)

或 ＝可变成本÷(1＋增值税率)×增值税率

增值税＝当期销项税额－当期进项税额

2. 城市维护建设税

为了加强城市的维护建设，扩大和稳定城市维护建设资金的来源而开征的一种税。城市维护建设税征收范围不仅包括城市、县城和建制镇，而且还包括广大农村。也就是说，只要缴纳消费税、增值税和营业税的地方，除税法另有规定者外，都属征收城建税的范围。只要缴纳了"三税"的企业、团体和个人，就发生了缴纳城建税的义务。

城市维护建设税是以"三税"税额作为计税依据。城建税实行的地区差别税率，不同地区的纳税人实行不同档次的税率。具体适用范围是：纳税人所在地在城市市区的，税率为7％；纳税人所在地在县城、建制镇的，税率为5％；纳税人所在地不在城市市区、县城、建制镇的，税率为1％。

应纳城建税额＝实际缴纳的消费税、增值税、营业税税额×地区适用税率

3. 教育费附加

教育费附加＝增值税×3％

5.4.3 利润

利润的本质是企业盈利的表现形式，可采用以下公式计算：

销售利润＝销售收入－销售成本(总成本)－销售税金

利润总额＝销售利润－营业外净支出

营业外净支出指的是与生产经营无关的经济活动所发生的收支情况。

企业所得税＝利润总额×企业所得税税率

净利润＝利润总额－企业所得税

5.5 劳动定员

劳动定员是设计企业在全面达到设计指标时，正常操作管理水平的反映，它是对设计方案或整体设计进行技术经济分析评价的重要指标。

5.5.1 职工人员的分类

1. 生产人员

生产人员分为生产工人和辅助生产工人。生产工人指直接参与产品制造过程的操作工人；辅助生产工人指不参与产品直接加工而是进行辅助性劳动的工人，如机修工、电工、运输工、化验工等。

生产工人的确定方法一般有两种。一种是按劳动生产定额计算：生产定额一定要选取合理，不能太高也不能过低；否则，要么工人经过努力也达不到，就打击了工人的生产积极性，又造成生产的不平衡；要么浪费了设备的生产能力，增加了建设投资。另一种是按设备搭配来确定生产工人数量，有些工序，定额不易确定，往往由一组工人共同负责管理几台设备，故根据设备管理的需要进行搭配来确定。辅助生产工人常根据具体生产要求进行搭配。搭配时，要考虑车间规模、机械化自动化程度和运输情况等，原则是满足正常生产要求。

2. 管理人员

管理人员指从事组织和管理生产的工作人员。如生产技术管理人员、经营管理人员、行政管理人员等。

3. 服务人员

服务人员指为生产或职工生活福利工作的人员。如食堂、浴室、卫生保健、警卫消防、倒班宿舍管理、房屋维修、勤杂及其他工作人员。管理人员和服务人员又称非生产人员。非生产人员的定员应根据生产规模、机械化自动化水平、组织机构和产品种类按国家或地方有关规定指标确定。一般来说，生产规模小、机械化自动化水平低的企业，非生产人员的比例要大一些。

5.5.2 劳动定员的编制

劳动定员的编制与工厂的生产规模、技术装备、机械化和自动化水平以及所采用的工艺流程等因素有关。定员指标应力求合理，要充分考虑到先进技术和装备的采用、操作方法的改进以及劳动组织改善后的潜利。同时，劳动定员要安排一定数量的机动顶岗轮休工，以贯彻《劳动法》，保证职工依法休息的权利。劳动定员的编制，首先确定车间或部门工作人员，最后汇总，见表5-7劳动定员表。

表5-7 劳动定员表

序号	部门	管理人员	技术人员	生产人员	辅助生产人员	警卫消防	服务人员	合计	比例（%）
1	主要生产车间								
2	辅助生产车间								
3	管理及服务部门								
3.1	管理部门								
3.2	服务部门								
4	合计								
5	各类人员构成比例								

5.6 评价指标

由于项目的技术经济分析专业性很强，所以这里仅提出几个静态评价指标：

（1）投资利润率 $= \dfrac{利润}{总投资} \times 100\%$

（2）投资利税率 = $\dfrac{利润＋税金}{总投资}$ × 100%

（3）投资回收期（所得税前） = $\dfrac{总投资}{利润总额＋折旧}$（年）

投资回收期（所得税后） = $\dfrac{总投资}{净利润＋折旧}$（年）

（4）全员劳动生产率 = $\dfrac{年销售收入（年产值）}{全厂职工总数}$（万元/人·年）

（5）工人实际劳动生产率 = $\dfrac{年产量}{工人总数}$（万平方米/人·年）

本章附表：概算指标

A2　概算指标2（GZ2）　辅助生产及公共工程设备安装费概算指标（表A2）。

表A2　辅助生产及公共工程设备安装费概算指标（％）

指标编号	工程项目名称	设备安装费费率	工器具及生产家具购置费费率	工业管道安装费费率	备注
GZ2-1	机、电修设备	4.1	10	0.5	
GZ2-2	仪修设备	3	10	0.5	
GZ2-3	空压、冷冻设备	6.6	1	7～10	
GZ2-4	空分设备	6.6	1	6	
GZ2-5	水处理设备	7	2	7～10	
GZ2-6	空调通风设备	9～10	1	130～230元/m^2 风道展开面积	
GZ2-7	起重运输设备	12～15	5		
GZ2-8	试（化）验设备	0.5	3000元/人		
GZ2-9	锅炉设备				
GZ2-9.1	快装锅炉	5～7	1	8	燃煤、油、气
GZ2-9.2	燃油锅炉	10	1	12	散装
GZ2-9.3	其他形式锅炉	10～12	1	10	
GZ2-9.4	筑炉、保温费	25～35			
GZ2-10	通信设备	25	0.5		
GZ2-11	电梯				
GZ2-11.1	货梯	12～15	2		
GZ2-11.2	客梯	12～15	2		
GZ2-12	汽车库				
GZ2-12.1	10辆及以下		15000元/库		
GZ2-12.2	10辆及以上		30000元/库		
GZ2-13	仓库				
GZ2-13.1	设置货架		100～150元/m^2		以建筑面积计

指标编号	工程项目名称	设备安装费费率	工器具及生产家具购置费费率	工业管道安装费费率	备注
GZ2-13.2	不设置货架		5～10 元/m²		以建筑面积计
GZ2-14	其他通常设备	6			
GZ2-15	车间电气设备	5			
GZ2-15.1	配管敷设		180～380 元/kW		
GZ2-15.2	电缆桥架敷设		250～350 元/kW		
GZ2-16	发、变配电设备	10～15	20～25 元/（kV·A）	不含插接母线	
GZ2-17	自控仪表设备、主材安装及主材费	30～40			

注：概算指标包括的内容：轻工业工程建设概算指标由直接费、间接费、利润和税金等项费用组成。

A3 概算指标 3（GZ3）设备运杂费费率。

A3.1 国内设备运杂费费率（表 A3.1）。

表 A3.1 国内设备运杂费费率（%）

指标编号	建厂所在地区	国内运杂费费率
GZ3-1	北京、天津、上海、河北、河南、山东、江苏、浙江、山西、安徽、辽宁	5～6
GZ3-2	重庆、吉林、陕西、江西、福建、湖北、湖南、四川	6～7
GZ3-3	黑龙江、内蒙古、甘肃、广东、广西、海南	7～8
GZ3-4	青海、新疆、宁夏、云南、贵州	8～10

注：① 西藏边远地区运输情况特殊，可按自治区规定执行；
② 本运杂费费率包括离铁路线或水运码头 50km 内的短途运输，超 50km 时，每 50km，费率增加 0.5%，不足 50km 按 50km 计；
③ 超限设备运输措施费按规定计算列入总概算。

A3.2 进口设备、材料国内运杂费费率。

运杂费费率根据交通运输条件的不同，港口和地区按表 A3.2 所列运杂费费率计算。

表 A3.2 进口设备、材料国内运杂费费率（%）

指标编号	港口或地区类别	国内运杂费费率（占设备、材料离岸价）
GZ3-5	大连、秦皇岛、天津、烟台、连云港、南通、上海、宁波、温州、福州、广州、湛江、北海、深圳、珠海、厦门、汕头	1.5～1.9
GZ3-6	北京、河北、辽宁、山东、江苏、浙江、福建、广东、广西、海南	2.0～2.4
GZ3-7	山西、湖南、湖北、河南、陕西、安徽、江西、吉林、黑龙江	2.0～2.8

指标编号	港口或地区类别	国内运杂费费率（占设备、材料离岸价）
GZ3-8	重庆、四川、云南、贵州、内蒙古、宁夏、甘肃	3.0～3.3
GZ3-9	新疆、青海 西藏自治区根据交货条件，国内运杂费可适当增加	3.0～3.8

注：① 汇率变化较大时，可适当调整；

② 超限设备运输措施费按规定计算列入总概算。

A4　概算指标 4（GZ4）建设单位管理费（表 A4）。

表 A4　概算指标 4（GZ4）建设单位管理费费率指标（％）

指标编号	工程项目规模	计算基数	新设项目费率
GZ4-1	500 万元以下	工程费用	3.0
GZ4-2	1000 万元以下	工程费用	2.8
GZ4-3	5000 万元以下	工程费用	2.4
GZ4-4	7000 万元以下	工程费用	2.0
GZ4-5	10000 万元以下	工程费用	1.7
GZ4-6	30000 万元以下	工程费用	1.6
GZ4-7	50000 万元以下	工程费用	1.4
GZ4-8	100000 万元以下	工程费用	1.2
GZ4-9	150000 万元以下	工程费用	1.0

注：既有项目法人改建（或扩建）项目的建设单位管理费费率，可依新项目指标向下浮动，浮动比率应根据既有项目法人的具体情况确定。

A5　概算指标 5（GZ5）工程建设监理费（表 A5）。

表 A5　工程建设监理收费标准

指标编号	工程概（预）算 M（万元）	设计阶段（含设计招标）监理取费 a（％）	施工（含施工招标）及保修阶段监理取费 b（％）
GZ5-1	$M<500$	$0.2<a$	$2.50<b$
GZ5-2	$500{\leqslant}M<1000$	$0.15<a{\leqslant}0.2$	$2.00<b{\leqslant}2.50$
GZ5-3	$1000{\leqslant}M<5000$	$0.10<a{\leqslant}0.15$	$1.40<b{\leqslant}2.00$
GZ5-4	$5000{\leqslant}M<10000$	$0.08<a{\leqslant}0.10$	$1.20<b{\leqslant}1.40$
GZ5-5	$10000{\leqslant}M<50000$	$0.05<a{\leqslant}0.08$	$0.80<b{\leqslant}1.20$
GZ5-6	$50000{\leqslant}M<100000$	$0.03<a{\leqslant}0.05$	$0.60<b{\leqslant}0.80$
GZ5-7	$100000{\leqslant}M$	$a{\leqslant}0.03$	$b{\leqslant}0.60$

注：① 此收费标准为国家物价局、建设部《关于发布工程建设监理费有关规定的通知》价费字（1992）479 号文规定；

② 国家发布新的工程建设监理收费标准时，应执行新的收费标准。

A6 概算指标6（GZ6）国内项目其他指标和费率（表A6）。

表A6 国内项目其他指标和费率

指标编号	指标名称	单位	计算基数	指标数值
GZ6-1	培训费	元/人	培训人数、3个月	2000～4000
GZ6-2	提前进厂费	元/人	提前进厂人数、3个月	2000～3000
GZ6-3	办公设备及生活家具购置费			
GZ6-3.1	新设项目	元/人	设计定员总人数	1500～2000
GZ6-3.2	既有项目	元/人	新增设计定员总人数	800～1000
GZ6-4	联合试运转费			
GZ6-4.1	一般项目	d	原材料、燃料及动力、工资及福利费和其他费用等费用的日消费额	5～15
GZ6-4.2	与化工生产类似的工程	%	单项工程费用总和	0.3～1.2
GZ6-5	零星工程费用	%	工程直接费	5～10
GZ6-6	现场零星加工件制作安装费	%	设备原价	1～1.5
GZ6-7	临时设施费	%	工程费用	1～2
GZ6-8	车辆购置税	%	计税价格	10
GZ6-9	工程项目管理费	%	工程费用+工程建设其他费用	3～5
GZ6-10	工程保险费	%	工程费用	按保险公司标准
GZ6-11	基本预备费	%	工程费用+工程建设其他费用	5～10

注：国家发布新的收费指标和费率时，应执行新的收费指标和费率。

A7 概算指标7（GZ7）环境影响咨询及安全评价。

A7.1 环境影响咨询收费标准（表A7.1）。

表A7.1 建设项目环境影响咨询收费标准表（万元）

估算投资（亿元） 咨询服务项目	0.3以下	0.3～2	2～10	10～50	50～100	100以上
指标编号	GZ7-1	GZ7-2	GZ7-3	GZ7-4	GZ7-5	GZ7-6
编制环境影响报告书（含大纲）	5～6	6～15	15～35	35～75	75～110	110
指标编号	GZ7-7	GZ7-8	GZ7-9	GZ7-10		
编制环境影响报告表	1～2	2～4	4～7	7以上		
指标编号	GZ7-11	GZ7-12	GZ7-13	GZ7-14	GZ7-15	GZ7-16
评估环境影响报告书（含大纲）	0.8～1.5	1.5～3	3～7	7～9	9～13	13以上
指标编号	GZ7-17	GZ7-18	GZ7-19	GZ7-20		
评估环境影响报告表	0.5～0.8	0.8～1.5	1.5～2	2以上		

注：① 此收费标准为国家发展计划委员会、国家环境保护总局《关于规范环境影响咨询收费有关问题的通知》计价格（2002）125号文规定；
② 表中数字下限为不含，上限为包含；
③ 估算投资额为项目建议或可行性研究报告中的估算投资额；
④ 国家发布新的建设项目环境影响咨询收费标准时，应执行新的收费标准。

A7.2　安全评价收费标准。

安全评价分为安全预评价、安全验收评价、安全现状评价及安全专项评价。国家目前还未颁发收费标准，可暂参照表 A7.1 收费标准。

A8　概算指标 8（GZ8）进口设备、材料国内安装费（表 A8）。

表 A8　进口设备、材料国内安装费

指标编号	指标名称	单位	计算基数	费率
GZ8-1	一般轻工工艺设备安装费	%	工艺设备离岸价	1～3
GZ8-2	管道安装费	%	管道离岸价	7～9
GZ8-3	自动控制设备、材料安装费	%	自动控制设备、材料离岸价	5～7.5
GZ8-4	电气设备、材料安装费	%	电气设备、材料离岸价	5～7

注：汇率变化较大时，可适当调整。

6　建筑陶瓷的清洁生产

6.1　清洁生产的定义和意义

人类社会的发展改变了自然也改变了人类自身，人类利用自然的赐予加速了文明的进程，但同时也付出了沉重的代价，工业发展带来的资源过度消耗、环境状况恶化以及生态平衡的破坏严重制约了今后的发展。人们重新审视已走过的历程，认识到需合理利用资源，建立新的生产方式和消费方式，清洁生产的思想也因此应运而生。

1989 年，联合国环境规划署巴黎工业与环境活动中心在总结各国的经验后，首次提出"清洁生产"的概念，并制定了推行清洁生产的行动计划。1992 年联合国环境与发展大会通过了《21 世纪议程》，"清洁生产"正式被写入该文件，成为通过预防来实现工业可持续发展的专用术语。1996 年，联合国环境规划署总结了各国开展的污染预防活动，并加以分析提炼。我国于 2002 年 6 月 29 日第九届全国人民代表大会常务委员会第二十八次会议通过了《中华人民共和国清洁生产促进法》。

6.1.1　清洁生产的定义

清洁生产是指不断采取改进措施，使用清洁的能源和原料、采用先进的工艺技术与设备、改善管理、废物综合利用等措施，从源头削减污染，提高资源利用效率，减少或者避免生产服务和产品使用过程中污染物的产生和排放，以减轻或者消除对人类健康和环境的危害。

《中华人民共和国清洁生产促进法》对清洁生产的定义借鉴了联合国环境规划署的清洁生产的定义，也结合了我国实施清洁生产的实践经验，该定义包含两层含义：一是推行清洁生产的目的，即从源头削减污染物的产生量，提高资源利用效率，以减轻或者消除污染物对人类健康和环境的危害；二是清洁生产的内容，清洁生产的内容有"改进设计""清洁的原料和能源""先进的工艺技术与设备""综合利用""改善管理"。除了"改善管理"以外，其他的所有内容都是关于清洁生产技术的内容，涉及采用先进的工艺技术及采用清洁技术。实施清洁生产战略的核心是让企业以清洁生产工艺技术替代传统工艺技术，以清洁生产装备改造旧装置、建设新装置，保证生产的可持续发展，同时实现经济发展与环境保护的相互协调。

6.1.2　建筑陶瓷清洁生产的意义

我国的建筑陶瓷工业从 20 世纪的 80 年代初开始蓬勃发展，时至今日，建筑陶瓷的产量已稳居世界第一，截至 2017 年，全国瓷砖总产量已达到 101.5 亿平方米。然而，传统建筑陶瓷的飞速发展也带来了天然优质原材料的大量消耗。按照常规规格墙砖 200mm×

400mm 与 600mm ×600mm 计算，每 $1m^2$ 瓷砖需要耗费 30～45kg 的原材料，依照 2017 年的产量数据估算，当年的原材料就要消耗将近 4.5 亿吨陶瓷原料。而适应于陶瓷生产的优质原料在我国分布并不均衡，如此庞大的资源需求，极易造成生产地的资源枯竭，同时随着国家产业政策的收紧、环保门槛的不断提升，建筑陶瓷生产企业面临的环保压力逐年增大，在环境保护越来越受到人们关注的今天，陶瓷工业应如何与环境保护协调发展，是一个值得关注的问题。

国家"十三五"规划中就明确地指出，"强化环境硬约束推动淘汰落后和过剩产能。建立重污染产能退出和过剩产能化解机制，对长期超标排放的企业、无治理能力且无治理意愿的企业、达标无望的企业，依法予以关闭淘汰。修订完善环境保护综合名录，推动淘汰高污染、高环境风险的工艺、设备与产品"。推行建筑陶瓷的清洁生产，对于整个行业未来的发展具有深远的意义。

在建筑陶瓷行业推行清洁生产，一方面是保护资源，节约能源，做到节能减排；另一方面是保护环境，与国际接轨，增加国际竞争力；此外，又是应对发达国家设立绿色壁垒的重要措施，同时也是我国建筑陶瓷行业可持续发展的需要。鉴于我国建筑陶瓷工业目前的生产现状和工艺特点，完全实行清洁生产尚需长期努力，而且有一定的难度，而实施以物耗最少化、废物减量化和效益最大化的清洁生产为主，末端控制为辅的综合污染防治方式是最理想的选择。通过利用工业废料、固体废物、清洁化坯料制备、废水循环利用、废气净化、余热回收、废渣循环利用、节能降耗，以达到资源的高效利用、环境的有效保护和建筑陶瓷业的可持续发展。

就建筑陶瓷产业而言，当然希望开发和使用全新的污染更轻的建筑陶瓷生产成套工艺技术，从而大幅削减污染物的产生和排放，但在实践中，局部工艺技术和设备的清洁化改造，也就是在原料选择、破碎、造粒、烧成、后处理等各个工段进行更加清洁的生产技术和设备的升级换代，更加符合建筑陶瓷生产企业的当前生产实际。

在建筑陶瓷行业推进清洁生产理念和技术，具有以下五个方面重要的意义：

（1）推行清洁生产能够提高企业的整体素质。清洁生产涵盖企业生产的全过程，既有技术方面的问题，又有管理方面的问题，是涉及企业各个部门和每一位员工，需要各部门和员工共同努力的系统工程。陶瓷生产具有生产工艺流程长、技术环节多的特点。通过清洁生产，可以把更合理有效的理念渗透到各个环节，强化企业管理水平，生产技术水平得到提高，整体素质持续提升。

（2）推行清洁生产可以提高企业的经济效益。国内陶瓷企业多数采用不可再生能源，消耗大、热能利用效率低。资源和能源在陶瓷企业中占生产成本的三分之一以上。能耗高、能效低导致国内陶瓷企业的整体经济效益不理想。推行清洁生产，学习和采用先进的生产工艺，可以最高效率地利用资源和能源，通过循环和反复利用等途径，可以使资源配置达到最大化；提高工人的素质和劳动技能水平，提高产品合格率、节约能源、降低生产成本，最终达到提高企业经济效益的目的。

（3）推行清洁生产，可以减少环境污染。建筑陶瓷在生产过程中会产生多种排放，其中燃料燃烧时产生的烟气污染，对环境的危害较大，而传统的采用末端治理尾气的方法，难度大，难以达到根本上消除污染的目的。通过推行清洁生产，帮助企业提供设备升级和改进工艺的方向，解决排放污染问题。

（4）推行清洁生产，可以改善工人的劳动条件，保障工人的身体健康。纵观建筑陶瓷的整个生产过程，其操作环境多属于高温或多尘环境。此外，还有少量重金属和无机化合物等有毒物质。多数企业空气中粉尘含量和游离二氧化硅的含量严重超过了国家标准，工人长期在这种环境下生产劳动，身体健康将受到严重的威胁。通过推行清洁生产，改变操作技术，改进生产工艺和管理水平，减少粉尘污染，降低空气中的粉尘含量，提高空气质量，从而改善工人的生产环境，保障员工身体健康。

（5）推行清洁生产，有利于提高产品质量，增强市场竞争力。绿色消费已经成为市场的主题，环境标志就是产品在市场上的绿色通行证，许多国家都有自己的特定图案的环境标志，我国也不例外，随着世界经济贸易的全球化，环境标志已经成为一道无形的贸易壁垒，产品的环境标志已经成为走向世界的绿色通行证，这些产品也往往能够得到消费者的青睐和认可。产品取得环境标志的唯一途径就是通过 ISO 14000 环境管理体系的认证，清洁生产是 ISO 14000 环境管理体系的基本要求。

6.1.3 推行清洁生产的要点

目前，无论是发达国家还是发展中国家都在研究如何推进本国的清洁生产。从政府角度出发，要做好以下几个方面：

（1）制定特殊的政策以鼓励企业推行清洁生产；

（2）完善现有的环境法律和政策以克服障碍；

（3）进行产业和行业结构调整；

（4）安排各种活动提高公众的清洁生产意识；

（5）支持工业示范项目；

（6）为工业部门提供技术支持；

（7）把清洁生产纳入各级学校教育之中。

清洁生产存在于企业生产的各个环节，从企业层面来说，推行清洁生产的要点有以下几个方面：

（1）建立企业清洁生产监督机制；

（2）开发长期的清洁生产战略计划；

（3）对职工进行清洁生产的教育与培训；

（4）进行产品全生命周期分析；

（5）进行产品生态设计；

（6）研究清洁生产的替代技术。

推行清洁生产非常重要，清洁生产的基本要求是"从我做起，从现在做起"，要保质保量地推进清洁生产，就需要对建筑陶瓷企业生产中产生污染的生产环节有全面而详细的了解。

6.2 建筑陶瓷行业产生污染物的种类

陶瓷工业主要污染物的产生在原料加工、生产过程等环节，建筑陶瓷生产中的污染物主要包括以下几个种类。

6.2.1 大气污染

1. 硫氧化物

建筑陶瓷行业排放的硫氧化物主要包括 SO_2 和 SO_3，绝大部分在废气中，几乎全部来自燃料。SO_2 在空气中会氧化为 SO_3，遇到水汽就会变成硫酸烟雾，并长期存在于大气中。当硫酸烟雾在大气中达到十万分之八时，人就难以忍受，并会威胁植物的生长，毒死水生物，同时还会腐蚀金属及建筑材料。尤其当 SO_2 与灰尘共存时，危害更大，其原因是灰尘所含的金属微粒能促进 SO_2 氧化成硫酸液沫，生成的硫酸液沫就会附在灰尘上，人吸入后，就会导致严重的呼吸道疾病。

2. 烟尘、粉尘

根据 2006—2009 年中建陶年鉴给出的资料统计，建筑陶瓷行业烟尘的年排放量约为 9000t。此外，建筑陶瓷企业车间内的粉尘浓度平均为 $0.211mg/m^3$，在一些高尘作业点粉尘的浓度可高达 $1.69mg/m^3$。粉尘对环境造成污染，粉尘中的游离二氧化硅对人体影响最大，当粉尘中游离二氧化硅含量在 10% 以上，且粉尘浓度大于 $2mg/m^3$ 时，会导致肺组织病变，即矽肺病，其后果非常严重。此外，粉尘对建筑陶瓷生产设备尤其是压机的损害较为严重，97% 精密运动部件（主活塞、立柱、密封元件等）的非正常磨损，就是因为粉尘黏附在接触表面而引起的，80% 以上液压故障是因为油路被粉尘污染所致。

3. 氮氧化物

燃料燃烧所引起对大气环境的污染，危害最大且又最难处理的是氮的氧化物 NO_x。在燃烧过程中生成的 NO_x 几乎全是 NO 和 NO_2，其中 NO 经过空气的氧化后在大气中的含量不多，但当 NO 在空气中达到 1000ppm 时就会使人和动物中毒，而 NO_2 的浓度达到 40ppm 时，就会对人的肺、心脏、肝脏、肾脏、造血组织形成危害。同时 NO_x 是形成酸雨及生成光化学雾的重要因素之一，它对于人体健康和动植物生长发育有着直接的危害。

4. 其他有害气体

建筑陶瓷行业的有害气体集中在印花工艺和窑炉排放，几乎全部来自渗花溶剂，主要成分为氟、氯等元素。这些污染物主要是由于建筑陶瓷的白色渗花釉（氟锆酸氨）和其他颜色渗花釉中的可溶性盐（氯化物）引入。这些盐高温分解产生含氟、氯的气体。含氟、氯的气体被人体直接吸收或进入饮水中。氟、氯中毒是由于长期生活在高氟、氯环境中而摄入含氟、氯量高的饮水、食物，导致人体中氟、氯元素蓄积而引起的慢性中毒性疾病。这种病使人的骨质发生改变，严重时会让人丧失劳动能力。

6.2.2 废水污染

建筑陶瓷行业的废水主要有冲洗废水、抛光冷却废水和喷雾干燥塔喷淋除尘废水等。废水中固体悬浮物高达 5000mg/L，化学需氧量达 120～180mg/L，它们对环境会造成严重危害。如果废水直接排入自然环境，废水中的固体污染物将造成水质浑浊和水的色泽改变，并阻塞排水管道，淤积河道，危害水生物繁殖，其中的有机污染物还将消耗水中溶解氧，危害鱼类生存。

6.2.3 固废污染

建筑陶瓷行业的废物主要有废成品砖、废半成品、抛光渣以及污泥等。据调查了解。建筑陶瓷工业的固体废渣不仅可以回收利用，而且其作为二次资源的用途较广，也有比较成熟的生产技术和产品市场。目前这些建筑陶瓷工业固体废渣被大量填埋和堆积，不仅浪费了宝贵的不可再生资源，而且已经给城市环境造成巨大的压力，成为引人关注的一大"公害"。

6.2.4　噪声污染

噪声污染与大气污染、水污染并列为三大污染。噪声污染不但能够影响人的听力，而且能够导致高血压、心脏病、记忆力衰退、注意力不集中及其他精神综合征。研究表明，当室内的持续噪声污染超过 30dB 时，人的正常睡眠就会受到干扰；持续生活在 70dB 以上时，噪声还会伤害人的眼睛，引起视力疲劳和视力减弱；当噪声强度在 90dB 时，约有一半的人会出现瞳孔放大，视物模糊；当噪声达到 110dB 时，几乎所有人的眼球对光亮度的适应都有不同程度的减弱，这就是长时间生活在噪声环境中的人特别容易发生眼疲劳、眼胀痛、眼发花，以及视物流泪等多种眼损伤现象的缘故。

建筑陶瓷企业车间内的噪声污染比较突出，尤其是抛光线的噪声，有的甚至高达 80～110dB，严重危害操作人员的健康。不过，建筑陶瓷行业的噪声仅仅局限于厂内，虽然对工人的劳动环境和身体健康带来了影响，但厂内所产生的噪声对厂外环境的影响还是有限的。

6.3　建筑陶瓷清洁生产的基本措施

6.3.1　大气污染的控制措施

建筑陶瓷企业的排尘排烟是对环境污染的主要污染物，街区的二次扬尘中也有部分粉尘是来自建筑陶瓷企业，因而控制建筑陶瓷企业的排尘排烟对治理环境污染有着十分重要的意义。综合建筑陶瓷企业的工艺特点及空气污染物的排放情况，可以将污染分为粉尘和烟气两大类。

1. 粉尘控制

1）原料的运输与储存

绝大部分陶瓷企业，原料以砂状居多，在短途运输过程中，沿途尘土飞扬，越是靠近生产区，空气中尘埃越多，大大超过国家环保局的规定。在陶瓷原料的运输中，应避免将原料装得太满，并以篷布覆盖，可以避免尘土飞扬，这一点主要是管理方面的工作，无须资金上的投入；建立原材料集中堆放仓库，杜绝露天存放，既能避免因风产生扬尘，也减少了原料由于露天存放而造成的原料污染。

2）球磨加料口的除尘

由于陶瓷原料均含有一定的水分，在原料称量和原料输送过程中基本不会产生粉尘，故建筑陶瓷企业的原料车间的粉尘点就只有球磨加料口。可在球磨加料口上方安装喷雾装置，在球磨机下料的同时，向球磨加料口内喷水雾。用雾水喷淋方式除尘，简单有效，且投资低，操作性强。

3）喷雾干燥塔除尘

喷雾干燥塔是建筑陶瓷企业向大气排放粉尘最多的工序。在这一道生产工序中，主要产生的是颗粒灰尘。目前建筑陶瓷企业喷雾干燥塔除尘一般分为两级，第一级主要使用旋风分离器，它可以将尾气中的细粉进行收集，既减少污染，又可回收利用。旋风分离器的工作原理是，粉尘气体从入口吸入除尘器的外壳和排气管之间，形成旋转向下的外旋流，悬浮于外旋流的粉尘在离心力的作用下移向器壁，并随外旋流转到除尘器下部，由排尘孔排出。净化后的气体形成上升的内旋流并经过排气管排出。旋风除尘器适用于净化大于 5 $\sim 10\mu m$ 的非黏性、非纤维的干燥粉尘。它是一种结构简单、操作方便、耐高温、设备费用和阻力较低（$80 \sim 160mm$ 水柱）的净化设备，如图 6-1 所示。

第二级一般使用湿法除尘器的洗涤塔或多级喷淋除尘系统。其中洗涤塔除尘是将含尘尾气通入装有介质的液体层面（液体层面高度可调节），当气体通过时，空气可绕开介质继续上升，而粉尘则由于惯性与介质碰撞而被收留下来，随液体以污水形式排出，该方法对 $5\mu m$ 尘粒的近似分级效率可达 97%。而多级喷淋除尘系统将旋风除尘器排放的气体送入多级喷淋除尘系统，经多级水淋最后经过净化水幕排向大气。粉尘随喷淋水进入污水处理站。建议设置 $4 \sim 5$ 级喷淋，效果理想，除尘效率可达 80%。多级喷淋系统为自制设备，喷淋室可以设置多喷头，喷头越多，除尘效果越好。多级喷淋除尘系统如图 6-2 所示。

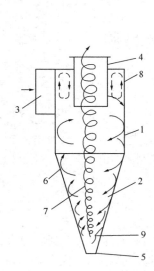

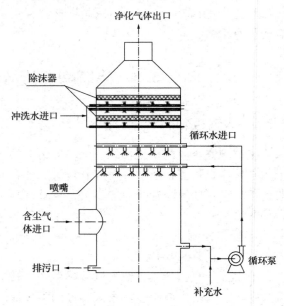

图 6-1　旋风分离器示意图
1—筒体；2—锥体；3—进气管；
4—排气管；5—排尘口；6—外旋流；
7—内旋流；8—二次流；9—回流区

图 6-2　多级喷淋除尘系统

（附教学图片二维码　脱硫塔、旋风除尘器）

4）压砖机的除尘

目前，建筑陶瓷企业压砖机处粉尘比较大，而压砖机通常又和干燥线、印花线、辊道窑等同处一个厂房，因而使得车间内粉尘浓度较高，不仅影响工人的身体健康，而且对工业设备、产品质量都产生了不良的影响。

当前较为常用的除尘设备如滤芯式高效除尘器，每 $1h$ 能净化空气量为 $30000m^3$，且净化效率高达 99%，是建筑陶瓷企业压砖机理想的除尘设备。如图 6-3 所示。安装了滤芯式高效除尘器，压制微粉抛光砖的压机旁（压机周围 $2m$ 范围内）粉尘浓度为 $0.224mg/m^3$，而没有除尘设备的压机旁（同样压制微粉抛光砖）粉尘浓度为 $1.69mg/m^3$，两者相差 7.5 倍。

5）刷坯点的除尘

陶瓷砖在成型到烧结要经过干燥、丝网印花

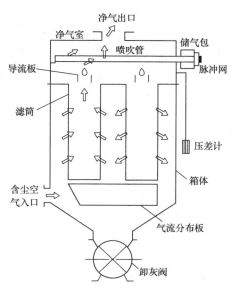

图 6-3 滤芯式除尘器示意图

等装饰过程，砖坯在干燥后要刷除表面杂质，这是生产线中的一个扬尘点，此类扬尘点拟以静电除尘器除尘。静电除尘器净化效率高，能够捕集 $0.01\mu m$ 以上的细粒粉尘。静电除尘器的工作原理是，含有粉尘颗粒的气体，在接有高压直流电源的阴极线（又称电晕极）和接地的阳极板之间所形成的高压电场通过时，由于阴极发生电晕放电，气体被电离，此时，带负电的气体离子，在电场力的作用下，向阳极运动，在运动中与粉尘颗粒相碰撞，使尘粒带负电，带电后的尘粒在电场力的作用下，向阳极运动，到达阳极后，放出所带的电子，尘粒被沉积于阳极板上，而得到净化的气体则排出防尘器外。其占地面积小（$2m^2$ 左右），且可以和陶瓷生产线配套安装，除尘效率高，可达 93% 以上，成本仅需数千元。静电除尘器如图 6-4 所示。

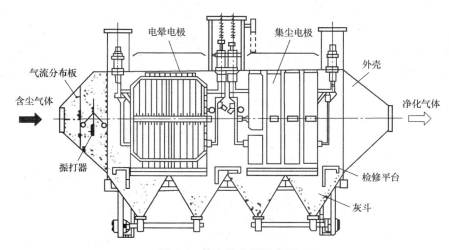

图 6-4 静电除尘器示意图

6）生产的过程控制

粉尘产生于建筑陶瓷生产的全过程，所以陶瓷生产的过程控制对粉尘的影响也是较为明显的。如严格生产工艺和操作规范，保证工作现场的工艺卫生及清洁的工作环境，每日定时用水（工厂内部的循环水）清洗工作场地，确保工作场地的清洁，防止二次扬尘的污染。

2. 烟气控制

烟气中的污染物为多途径产生，单纯窑炉改用清洁能源并不能实现完全达标排放，同时也会增加企业的生产成本。因此，最适宜的治理模式应当是烟气的末端治理。目前烟气控制的技术由低氮燃烧、SNCR 脱硝、SCR 脱硝、布袋除尘、烟气脱硫、湿电除尘等系统构成，通过逐级脱硝、除尘、脱硫以及湿电除尘深度处理，满足排放需求。

1）窑炉烟气的控制措施

烟气中主要污染物为 SO_2、NO_x、氟化物及烟尘等。SO_2 由燃料燃烧、粉料夹带、窑炉烧制等诸多环节产生，一般浓度在 $400mg/m^3$ 之下。NO_x 生成途径由燃料型、快速型及热力型构成，主要是在高温烧制时产生，浓度一般在 $180mg/m^3$ 以下。

（1）SO_2：对于主要污染物 SO_2，按照脱硫剂形态，分为湿法（90%）、干法、半干法。湿法又分石灰法、钠碱法、双碱法、氨法等。"石灰石-石膏法"俗称"钙法"，是应用最广泛的一种脱硫技术，日本、德国、美国的火力发电厂采用的烟气脱硫装置约 90% 采用此工艺。因此，建筑陶瓷行业中采取成熟并得到广泛应用的"石灰石-石膏法"为宜，如图 6-5 所示。

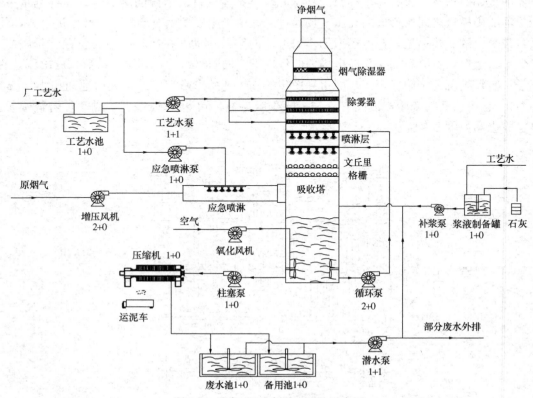

图 6-5　石灰石-石膏脱硫工艺示意图

"石灰石-石膏法"的反应原理如下：

吸收：$Ca(OH)_2 + SO_2 \longrightarrow CaSO_3 \downarrow + H_2O$

氧化：$2CaSO_3 + O_2 \longrightarrow 2CaSO_4 \downarrow$

该一体化技术由应急喷淋系统、SO_2吸收及除雾系统、浆液制备系统、工艺水系统、脱水系统、电气控制系统等组成。应急喷淋系统由垂直烟道、喷嘴及工艺水罐等组成，在特殊情况下，可降低烟气温度，保护塔内构件；SO_2吸收及除雾系统包括吸收塔塔体、浆液循环泵、喷淋系统、除雾器等几个部分，该系统可去除大部分SO_2、氟化物（SiF_4、HF）、氯化物、重金属、粉尘等，同时对烟气进行多级除雾，并加装特殊集水装置，减少雾滴（小于$75mg/m^3$）及其夹带的颗粒物；浆液制备系统包括消石灰粉仓、浆液制备罐、浆液泵及连接各个设备的管道、阀门、清洗措施等，经过搅拌均匀的石灰浆液由泵送到湿式吸收塔系统；工艺水系统用于补充蒸发、出口烟气携带以及冲洗用水；脱水系统用于脱除$CaSO_4$、$CaSO_3$、CaF_2等固体终产物，滤液返回循环使用；控制系统采用通用的PLC控制系统，配有人机界面，操作人员可监控整个系统的运行情况，如液位、pH值、流量、压力、温度、差压、密度等过程参数。

优点：采用石灰做脱硫剂，经济实用，每$1m^2$地砖仅增加环保成本0.15元左右，最终产物为硫酸钙，滤除方便且无二次污染；采用空心锥雾化喷嘴，气液接触充分，脱硫效率高；浆液在系统内密闭循环，无异味挥发，且占地面积小；主塔无填料，系统阻力小，不易结垢。

（2）NO_x：窑炉烟气中的NO_x一般在$180mg/m^3$以下，不经处理也能满足现行排放标准，目前没有相对理想的控制措施。SNCR需要合适的温度窗口（$850\sim1250℃$），直接喷氨，不仅会污染陶瓷，还会对窑炉墙壁及辊棒的寿命产生影响。如果采用其他行业的SCR技术，又面临着投资多、占地面积大、运行成本高（催化剂昂贵）、日常维护麻烦等问题。

2）喷雾干燥塔的烟气治理

喷干塔一般使用煤粉或水煤浆做燃料，烟气中的主要污染物为燃烧过程中产生的SO_2、NO_x以及末端尾气夹带的大量细粉料。通常NO_x初始排放浓度在$75\sim300mg/m^3$之间，SO_2的浓度在$15\sim100mg/m^3$之间（基准含氧量按18%）。

（1）NO_x：一般是采用SNCR工艺（选择性非催化还原），在热风炉的高温区喷尿素液，脱硝效率在50%左右。SNCR技术是利用$800\sim1250℃$的温度窗口，在无催化剂的情况下，氨基还原剂可选择性地将烟气中的NO_x分解成N_2及H_2O。关键点在于，还原剂须尽可能地喷入到最佳窗口温度位置，这样既可以保障较高的脱硝效率，又能减少氨逃逸。如图6-6所示。

优点：设备简单，投资与运行成本低。

缺点：脱硝效率低，药液喷射压力过大，会对热风炉壁造成损坏，同时存在氨逃逸的情况。

（2）SO_2：一般通过简单的水洗或碱溶液吸收后，排放浓度均可控制在$50mg/m^3$的现行标准之下。另外，也可以和窑炉烟气混合治理，用"石灰石-石膏法"去除SO_2，喷雾干燥塔烟气治理如图6-7所示。

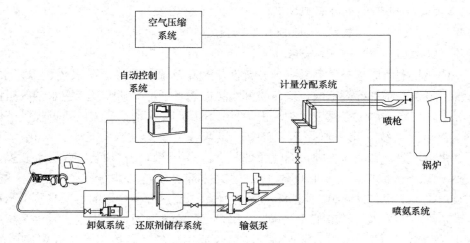

图 6-6　SNCR 工艺示意图

图 6-7　喷雾干燥塔烟气治理流程图

6.3.2　水污染控制措施

建筑陶瓷企业的污水必须根据其成分进行分类治理。建筑陶瓷企业生产中，各工序产生污水的水质特征（表 6-1）。

表 6-1　建筑卫生陶瓷生产废水水质特征

废水种类	COD	pH	耗水量	总固体	其他物质
原料精选、加工废水	高	酸	大	高	氟
坯料制备废水	低	酸	中	高	SO_2
釉料制备废水	低	碱	少	高	Cd、PbO
燃料及加工废水	高	碱	多	中	酚
施釉、彩绘废水	中	中	少	高	松节油、PbO、ZnO
研磨、抛光工序	低	中	最大	高	树脂等有机物

原料精选、球磨加工、粉料制备、干燥塔喷淋、釉料制备等工序产生的废水中主要成分为硅酸盐类原料，属于含泥废水，其废渣仍然可以作为陶瓷原料回收利用。抛光线污水中的废渣主要含有瓷粉、磨料、树脂有机物等，其成分与含泥废水的废渣成分相差较大，它的利用必须配以专门的技术和工艺才能用于相应的陶瓷产品。因此，含泥废水和抛光线污水必须分两个系统来处理。

1. 含泥废水

建筑陶瓷企业含泥废水主要来自原料车间和成型车间，包括冲洗矿石原料用水、粗碎用水、冲洗除铁、过筛设备用水、喷雾干燥塔喷淋除尘用水和冲洗浆池、干燥塔、地面用水等。含泥废水的主要成分是硅酸盐类原料混合体的悬浮物，这些含泥废水经过治理后可全部回收利用。含泥废水中含泥量较多，浑浊度高，一般含泥浓度为 $500\sim8000mg/L$，平均浓度在 $3000mg/L$，pH 值为 $6.5\sim8.0$，其中较大颗粒容易沉淀，细小颗粒难以沉淀而在水中形成溶胶状态，特别是 $1\sim100\mu m$ 的微粒和小于 $1\mu m$ 的胶体难以自然沉淀。对于含泥废水，常用的治理措施有沉淀过滤法和化学凝聚法两种。

1）沉淀过滤法

沉淀过滤法治理含泥废水的工艺流程为：含泥废水经排水沟（管道）汇入含泥废水处理站，投加适量的凝聚剂，先经平流式沉淀池沉淀，再经过滤池过滤后流入清水池，即可循环利用。泥浆达到一定浓度后，可榨成泥饼，用于低档瓷砖的生产。

平流式沉淀池的废水沉淀时间约为 3h，过滤池内可设有新型过滤材料——陶瓷滤砖，这种滤砖不易黏附泥料，长期使用不会堵塞微孔，被广泛用于污泥脱水处理。沉淀过滤法的悬浮物去除率可达 $70\%\sim80\%$，废水处理后的悬浮物浓度小于 $90mg/L$，适用与废水处理量 $150m^3/d$ 以下的中小型建筑陶瓷企业。

2）化学凝聚法

化学凝聚法的原理是促进废水中胶体的凝聚反应，即把凝聚剂加入废水中，促使悬浮物或胶体粒子在静电、化学、物理方法的作用下，凝聚成小块，加快沉淀速度，便于分离处理。其处理流程为：各点含泥废水经排水沟汇集到废水处理站，经平流式沉淀池沉淀，去除较粗颗粒，然后泵入快速凝聚沉淀装置进行处理，去除微细颗粒，清水进入清水池中加压后送往车间循环利用。

凝聚剂的选择需要考虑凝聚效果、凝聚时间、沉淀性能、储存稳定性及经济性等，目前常用的无机凝聚剂为硫酸铝等，该凝聚剂价格低廉，在水解时生成氢氧化物起凝聚作用，能够满足陶瓷生产避免铁质混入的要求。其缺点是适用的 pH 值范围小，当水温较低时凝聚作用减弱，实际使用中加入少量的活性硅胶体，则能得到良好的效果，如图 6-8 所示。

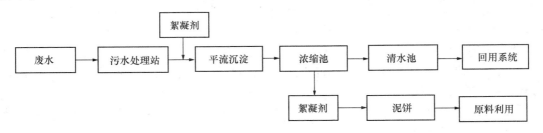

图 6-8　化学凝聚法工艺流程图

快速凝聚沉淀装置常见类型有污泥滤层型、淤浆循环型、脉动型和混合型。废水和凝聚剂在混合室搅拌混合 $20\sim30min$，使悬浮物形成相当多的凝聚小块，然后从混合室底部通过凹凸板进入分离室。因水平截面越大，水的上升速度越慢，水中的凝聚小块沉淀速度和上升速度达到平衡而逐渐下沉，而清水则继续上升溢流到清水池中，分离室的凝聚物逐渐增加密度，形成的污泥在浓缩部分被浓缩，每隔一定时间自动地由排泥装置排出。这种装置的滞留时间为 $70 \sim 80 \mathrm{min}$，表面流速为 $2.4 \sim 3.6 \mathrm{m}^3/\mathrm{h}$。化学凝聚法的悬浮物去除率可达 $90\% \sim 95\%$，废水处理后的悬浮物浓度小于 $30 \mathrm{mg/L}$，适用于废水处理量 $200 \mathrm{m}^3/\mathrm{d}$ 的中大型建筑陶瓷企业。

2. 抛光废水的治理

瓷质砖抛光污水主要是由水、磨屑、磨粒、砖屑及砖渣等组成的混合物。一般含渣浓度为 $400 \sim 6000 \mathrm{mg/L}$，平均浓度在 $1500 \mathrm{mg/L}$，pH 值为 $7 \sim 9.5$，其中较大砖屑容易沉淀，而磨屑中的树脂等有机物难以沉淀而在水中形成溶胶状态，特别是 $100 \mu \mathrm{m}$ 以下微粒的胶体难以自然沉淀。目前，抛光线污水的治理方法主要通过沉淀池污水净化处理和絮凝沉降净化处理系统来治理。由于抛光砖生产过程中所形成的磨屑、磨粒、砖屑等微粒很难沉淀，沉淀池污水净化处理效果较差，通常可向瓷质砖抛光污水中添加适宜的絮凝剂，促使其絮凝成为大颗粒，从而加快其沉降速度，缩短瓷质砖抛光污水的处理时间及最大限度地减少瓷质砖抛光污水中的悬浮物含量。

瓷质砖抛光污水的絮凝沉降净化处理系统的工作原理是，为了加快瓷质砖抛光污水中悬浮物的沉降速度，减少悬浮物的沉淀时间；减少瓷质砖抛光污水中的悬浮物含量及降低瓷质砖抛光污水的净化处理费用，通常向污水中添加适宜的絮凝剂。絮凝剂的种类，大致可分为无机絮凝剂（如硫酸铝和硫酸铁等）和有机高分子絮凝剂（如水解丙烯酰胺、磺化取丙烯酰胺、聚丙烯酰胺和聚乙烯吡啶盐等）。它们的絮凝性、脱水性以及形成滤饼的剥离性等也会因絮凝剂的种类、构造、分子量、离子强度或者官能团的种类而变化。

瓷质抛光污水絮凝沉降净化处理系统具有处理能力大、成本低、净化质量高、绿色环保等特点，净化处理后水中的悬浮物含量通常小于 10ppm。

6.3.3 固废治理

建筑陶瓷工业的固体废物，按形态与成分的不同分为：

（1）废泥：即废水沉淀物，分为含色釉料废泥与不含色釉料废泥两种。

（2）废坯：即废半成品，分为生坯废品、施釉废品、素烧废品。

（3）废品：即烧成后的废品，分为陶质废品、炻质废品与瓷质废品。

（4）废渣：即抛光废料，瓷质墙地砖抛光磨边所产生的废料，其中混杂了约 28.6% 的高硬度磨料和树脂等有机物。

1. 固废治理的原则

从建筑陶瓷行业的实际出发，结合固废产物的特点与清洁生产的要求，未来固废治理的措施应当遵循如下原则：

（1）按照统一的生产标准组织生产，对生产过程进行控制，使废弃物在生产过程中消除或减少，提高资源的利用率。

（2）对于生产过程中产生的废弃物，原料加工过程中产生的直接回收利用，变成产品而产生的则转变它的形态而加以利用，降低硅排放率。

（3）建筑陶瓷工业固体废物资源化，将建筑陶瓷固废作为二次资源对待，进行集中收集、储存、分类与市场交换，使建筑陶瓷工业固体废物在区域范围内得到重新配置。

（4）在技术与经济指标可靠的前提下执行清洁生产、预防污染的方案，使固废治理措施更易于在企业中推广与落地。

2. 固废治理的对应措施

1）废泥与废坯

当前，对于绝大部分的建筑陶瓷企业，陶瓷废泥与废坯在自身生产中再利用是最为便捷经济的，没有上釉的生坯可以全部化浆使用，已上釉的生坯废品，可以按比例加入泥料中重复使用；而对于经过高温烧制的废品，如废瓷、废辊棒与废窑具等，可以采用重新粉碎加工的方法（粒径在0.5mm以下），作为硬质填充料少量使用。

2）废品

废瓷粉的化学组成是典型的硅酸盐矿物混合体，只要能解决在其他领域应用的工艺问题，是完全可以资源化利用的。

（1）废瓷砖生产透水砖

透水砖具有良好的透水性和保水性，雨水会自动渗透到砖底直到地表，还有一部分水保留在砖里面。雨水不会像在水泥路面上一样四处横流，最后通过下水道完全流入江河。天晴时，渗入砖底下或保留在砖里面的水会蒸发到大气中，起到调节空气湿度、降低大气温度、消除城市"热岛"作用。

使用废瓷砖粉料作为主体原料，配以黏土和纤维素等辅料，理论上可以制备性能优良的透水砖。可以根据废陶瓷玻化程度或者吸水率所要求产品的透水系数、抗折强度、表面颜色、尺寸等因素，调整废瓷废瓷粉的颗粒级配、成型压力与烧成温度。废瓷砖生产透水砖对废瓷固废消耗非常可观，一座年生产能力100万平方米的透水砖工厂，可消耗约12.5万吨废砖。

（2）废瓷粉在水泥与混凝土中的应用

陶瓷废瓷以硅酸盐矿物为主，经过粗加工后进行表面处理与研磨，堆积密度可在$1400\sim1500\text{kg/m}^3$，粒径小于20mm，完全符合水泥与混凝土中作为活性混合材料的标准要求。粉磨后的陶瓷废料本身不具有水硬性，但是与激发剂等材料混合后就具备了作为水泥混合材料使用的条件。陶瓷废料作为水泥混合料不仅为水泥生产企业带来了巨大的经济利益，同时也实现了陶瓷固废的资源化利用。

3）废渣

陶瓷废渣主要来源于瓷砖经过抛光与磨边后，絮凝、沉淀下来的固体废渣，因此抛光废渣的化学组成中，主要包括SiO_2和Al_2O_3，两者的总含量超过80％。除此之外，还有少量的SiC、$MgCl_2$、Na_2O、K_2O、CaO及有机物等。

废渣的化学成分和矿物组成大部分与生产配方相近，在没有受到严重污染的情况下，理论上是完全可以再次应用于建筑陶瓷生产的。

（1）抛光废渣制作陶粒

抛光废渣的SiO_2含量高，其他成分如SiC易被氧化生成CO、CO_2气体，从而成为良好的发泡剂，理论上可以用于制作轻质陶粒。陶粒是人造建筑轻骨料的简称，它具有质轻、保温、隔热、隔声、强度高、耐酸碱腐蚀及热膨胀系数低等优良的性能，广泛用于高层、超高层建筑及大跨度建筑工程，亦可应用于高速公路、飞机场跑道的路面材料。利用抛光渣制作陶粒，其工艺流程可按照预处理—造粒—预热器—回转窑—冷却—成品的顺序加工，每生产1m^3的陶粒可消耗废渣300kg以上。

（2）抛光废渣制作泡沫墙体砖

与轻质陶粒一样，利用建筑陶瓷生产中常用的中低温砂、黏土等矿物，搭配抛光废渣，可以制备泡沫墙体砖。泡沫墙体砖是一种质轻、保温隔热、吸声隔声的墙体材料，在高层外墙建筑中可用于取代传统瓷片。泡沫墙体砖需符合 GB/T 33500—2017 中的标准要求，见表 6-2。

表 6-2　轻质墙体砖的性能指标

项目		单位	性能指标		
			S 型	M 型	L 型
干密度		kg/m³	≤160	160～220（包含 220）	220～280（包含 280）
体积吸水率		%	≤2.0		
抗压强度		MPa	≥0.2	≥0.4	≥0.6
抗折强度		MPa	≥0.1	≥0.2	≥0.4
抗冻性能	质量损失率	%	≤5		
	强度损失率		≤25		
燃烧性能			A1	A1	A1
导热系数［平均温度 298K（25K±2K）］		W/(m·K)	≤0.060	0.060～0.080	0.080～0.100

（3）抛光废渣制作消声隔声材料

传统吸声材料因为材料疏松、防水性差、添加剂有毒等缺陷饱受诟病，而陶瓷吸声材料是一种良好的替代品。利用抛光废渣自身可高温发泡的特点，搭配黏土、石英、长石作为主料，添加适量的添加剂、水泥等辅助材料，采用高温烧成工艺，即可制备得以玻璃相、石英及莫来石为主相的多孔陶瓷。这种材料强度高、密度低，具备吸声隔声、防潮、防火等特点，是传统吸声材料的理想替代品。

6.3.4　噪声控制

建筑陶瓷企业噪声污染的主要来源有：原料加工过程中的粉碎机、球磨机、喷雾干燥塔；成型过程中的压机、输送设备；窑炉的风机，抛光线上的马达及抛光过程中产生的噪声等。根据建筑陶瓷工业产生噪声与传播的特点，控制噪声污染可从以下两方面着手：一是降低声源噪声；二是在传播途径上控制噪声。

1. 降低声源噪声

要彻底消除噪声，只有对噪声源进行控制。要从声源上根治噪声是比较困难的，而且受到各种条件和环境的限制，但是，对噪声源进行一些技术改造是切实可行的。

在设备采购上，要考虑设备的低噪声与振动，对噪声问题寻找设计上的解决方案。可以考虑改进机械设备，包括使用更为安静的工艺过程，设计具有弹性的减振器托架和联轴器。在管道设计中，尽量减少其方向及速度上的突然变化。在操作旋转式和往复式设备时，要尽可能地慢。

（1）球磨机可做筒体的改造。可以在球体外表涂敷吸声、隔声材料，减少其运转时的噪声：①在筒体外表涂一定厚度的沥青或者覆盖工业毛毡（厚度及成本增加值要经过试验）；②在球磨筒体外加 5cm 厚的空气夹层，用铁皮焊接，可阻止噪声的传递。

（2）干燥线及窑炉上的风机可选用低噪声的（配合减振装置一起使用）。

（3）抛磨线可着重解决金刚石磨轮的切削性能，调整好磨轮与抛光砖的硬度比，主要减低刮平及磨边时的噪声。

2. 阻断噪声传播途径

1）使用消声器

空气、气体或者蒸汽从管道中排出时或者在其中流动时，用消声器可以降低噪声。

（1）对于风机类的噪声，可以选用阻性或阻抗复合消声器；

（2）空压机、柴油机等可选用抗性或以抗性为主的复合型消声器；

（3）喷雾干燥塔的高压、高速气体排放，包括企业的蒸汽锅炉等，则可选用新型节流减压及小孔喷注消声器。

2）采取减振降噪

当振动频率在 20～2000Hz 声频范围内时，振动源同时也是噪声源。采用增设专门的减振垫、支撑物或者双层结构，来实现减振。如球磨机、振动筛、抛光机等，通过减少设备的振动，达到降噪的目的。

3）吸声处理

用墙壁和天花板来吸收噪声，要从声学上进行设计。

4）封闭噪声源

将产生噪声的机器或其他噪声源用吸声材料包围起来。不过，除了在全封闭的情况下，这种做法的效果有限，但在一定程度上可减少噪声对环境的影响。

（1）陶瓷厂的球磨机和罗茨鼓风机就可以采取全封闭降噪法，即让它们在封闭的房间内工作，这在陶瓷厂是完全可行的，且无须增加多少资金。

（2）对局部噪声较大且难以控制的，如抛光线的前段刮平及后段的磨边，可采取"管道式屏障"（隔声罩）来吸收部分噪声，并控制它的传播方向。

表 6-3、表 6-4 为国家对建筑陶瓷各类污染物排放标准的规定（GB 25464—2010）。

表 6-3　新建企业水污染排放浓度限值及单位产品基准排水量

污染项目	限值 mg/L（pH 除外）		污染物排放监控位置
	直接排放	间接排放	
pH 值	6～9	6～9	企业废水总排放口
悬浮物	50	120	
化学需氧量	50	110	
5d 生化需氧量	10	40	
氨氮	3.0	10	
总磷	1.0	3.0	
总氮	15	40	
石油类	3.0	10	
硫化物	1.0	2.0	
氟化物	8.0	20	
总铜	0.1	1.0	
总锌	1.0	4.0	
总钡	0.7	0.7	

污染项目		限值 mg/L（pH 除外）		污染物排放监控位置
		直接排放	间接排放	
总镉		0.07		生产设施废水排放口
总铬		0.1		
总铅		0.3		
总镍		0.1		
总钴		0.1		
总铍		0.005		
可吸附有机卤化物		0.1		
建筑陶瓷排水量	抛光（m³/t）	0.3		排放量计算位置与污染物排放监控位置一致
	非抛光（m³/t）	0.1		
卫生陶瓷排水量（m³/t）		4.0		

表 6-4　新建企业大气污染物排放浓度限值

生产工序	原料制备、干燥		烧成烤花		监控位置
生产设备	喷雾干燥塔		辊道窑、隧道窑、梭式窑		
燃料类型	水煤浆	油、气	水煤浆	油、气	
颗粒物	50	30	50	30	
二氧化硫	300	100	300	100	
氮氧化物	240	240	450	300	
烟气黑度（林格曼黑度）	1				污染物净化设施排放口
铅及其化合物	—		0.1		
镉及其化合物	—		0.1		
镍及其化合物	—		0.2		
氟化物	—		3.0		
氯化物	—		25		

7 建筑陶瓷的智能制造

随着互联网、大数据等技术的发展，以智能制造为主导的第四次工业革命已经全面爆发，全球制造产业正朝着智能化转型升级。美国实施"先进制造业国家战略计划"（2012）、德国提出"工业 4.0"战略（2013）、日本大力发展机器人产业并推出"机器人新战略"（2015）、英国发布"英国制造 2050"、"阿尔法狗"成为第一个战胜围棋冠军的人工智能机器人（2017），这些标志性事件预示着全球已经进入智能制造时代。

2015 年 5 月 19 日，国务院印发中国实施制造强国战略的第一个十年行动纲领——"中国制造 2025"，指出智能制造是新一轮工业革命的核心。2016 年 12 月 8 日，工业和信息化部、财政部为统筹国内智能制造发展联合制定"智能制造发展规划（2016—2020年）"，加快形成全面推进制造业智能转型的工作格局。在 2017—2019 年连续 3 年《政府工作报告》中重点论述将智能制造作为我国发展的主攻方向，2017、2018 年世界智能制造大会在杭州、南京召开，2020 年提出"国家新一代人工智能标准体系建设指南"，中国已进入智能制造的时代浪潮中，肩负着由中国制造向中国智造转型的时代使命，全力进行智能制造建设。

7.1 什么是智能制造

智能制造的概念炙手可热，成为传统制造业转型升级的强大引擎，然而，什么是智能制造？众说纷纭。我们首先来看看国内外研究者对智能制造的理解。

7.1.1 国外智能制造的提出及发展

智能制造最早是由纽约大学怀特教授（P. K. Wright）和卡内基梅隆大学的布恩教授（D. A. Bourne）在 1988 年合著的《智能制造（Manufacturing Intelligence）》中提出，指出智能制造是对信息知识工程和制造软件系统以及机器人视觉和控制技术的集成来进行建模，对机器进行控制，实现无人操作的小批量生产过程。威廉姆斯（Williams）教授在1995 年对集成范围做了进一步补充，认为集成范围还应包括智能决策支持系统。1998 年，"智能制造"作为一个专业术语写入《麦格劳－希尔科技词典》（McGraw-Hill Dictionary of Scientific and Technical Terms），将智能制造界定为采用自适应环境和工艺要求的生产技术，最大限度地减少工人劳动。元岛直树（2006）对智能制造的理解是：设计、生产、订货、销售、物流、经营等部门分别智能化，各个部门的整合使企业形成一个集成化网络，企业制造具备灵活适应制造环境变化的能力，就是智能制造。20 世纪 90 年代，智能制造研究获得美国、日本、英国等发达国家的普遍重视，概念得到极大的丰富和发展，发达国家纷纷围绕智能制造的相关技术以及智能制造系统开展国际合作和协同研究。1991年，美日欧等发达国家在智能制造领域开展国际合作，发起了"智能制造国际合作研究计划"，认为智能制造就是一种柔性生产方式，主张提高制造技术的柔性。21 世纪以来，大数据、云计算等新信息技术不断深化智能制造的概念，内涵和外延不断扩展。保罗·麦里基（2012）对智能制造的内涵进行了一次较为详细的阐述，认为智能制造就是以制造业数字化技术为核心，是以机器人、3D 打印机和新材料等新工具的应用为标志，生产过程由数字化、自动化、网络化来实现无人操作，客户参与产品定制实现产品个性化。美国学者杰米·里夫金（2012）在《第三次工业革命》一书中将智能制造的本质定义为"工业互联网"，即信息技术与工业生产技术集合而成的制造系统和共享网络。2013 年 4 月，德国正式推出"工业 4.0"战略，提出了物理信息系统（CPS）是智能制造的核心内容，在物理信息系统内部，智能机器和数据存储系统能够相互交换信息、触发动作和控制。

7.1.2　国内关于智能制造的认识

中国关于智能制造的研究开始于 20 世纪 90 年代中后期。智能制造在我国最早出现在《中国机械工程技术路线图》一书中，书中把智能制造定义为：制造活动中的信息感知与分析、知识表达与学习、智能决策与执行的一门综合交叉技术。早期的研究把智能制造看成是人工智能植入机器的人机一体化系统，是人工智能在生产领域各个环节的应用。唐任仲（1996）认为，智能制造是以智能制造技术、计算机集成制造技术和先进制造技术等发展起来的一个智能制造系统。宋天虎（1999）认为，智能制造是生产管理结构网络化，工作方式并行化，组织形式自主化和动态化，生产反应敏捷化的机器生产过程。杨叔子、吴波（2003）认为，智能制造是集智能和技术为一体的人机一体化系统，具备自我管理能力和柔性，并能对复杂的信息进行处理的过程。随着计算机技术、互联网技术的在中国的发展和普及，对智能制造的研究则偏向于强调与信息技术的深度融合。熊有伦（2008）等认为，智能制造可以理解为数字制造，具体体现为数字车间、数字企业和数字服务。卢秉恒、李涤尘（2013）认为，智能制造是制造技术、信息技术、智能技术深度融合的制造系统，并具备感知、分析、推理、决策、控制等人脑的功能。黄群慧、贺俊（2013）指出，"第三次工业革命"的技术核心是智能制造，智能制造是一种技术，能够广泛用于产业或经济层面，使市场竞争的资源基础、产业竞争范式以及国家间产业竞争格局发生变革。左世权（2015）认为，智能制造不是简单地用信息技术改造传统制造技术，而是用信息技术构成的生产组织网络（物联网、大数据、工业互联网等），贯穿制造过程始终，是信息技术与制造技术融合发展和集成创新的新型业态。

在国家工信部出台的"2015 年智能制造试点示范专项行动实施方案"中，定义智能制造是"基于新一代信息技术，贯穿设计、生产、管理、服务等制造活动各个环节，具有信息深度自感知、智慧优化自决策、精准控制自执行等功能的先进制造过程、系统与模式的总称。具有以智能工厂为载体，以关键制造环节智能化为核心，以端到端数据流为基础、以网络互联为支撑等特征，可有效缩短产品研制周期、降低运营成本、提高生产效率、提升产品质量、降低资源能源消耗"。

国家制造强国建设战略咨询委员会、中国工程院战略咨询中心编著的《智能制造》中，把智能制造定义为"面向产品的全生命周期，以新一代信息技术为基础，以制造系统为载体，在其关键环节或过程，具有一定自主性的感知、学习、分析、决策、通信与协调控制能力，能动态地适应制造环境的变化，从而实现某些优化目标"。

由此看来，智能制造自从提出后经过四十多年的发展，其概念还在不断变化，内涵和外延界定还是很模糊，早期的研究将智能制造看成是人工智能技术植入传统机器设备的人机一体化系统。随着信息技术的发展，智能制造的内涵更加强调制造技术与信息技术的深度融合，表现为数字制造，也有观点将智能制造看成是一种全新的制造系统，即智能制造系统。近年来，大数据、云制造、物联网等一批新的信息技术的发展和应用，智能制造又被赋予了更多内涵，远远超越了上述内涵范围，可见智能制造随着科学技术的发展其内容不断更新，也因各研究者的角度不同而阐述不同。智能制造是人工智能在生产制造领域的一种应用，而人工智能本身所涉及的学科技术甚广，与数学、计算机技术、工程技术、信息通信技术、语言学、生物学、哲学、伦理学等学科或技术都密切相关，直到现在，还是在不断随着这些学科、技术的发展而发展。

基于此，智能制造的理解应该从多维度出发，对智能制造的内涵进行解读。

从生产技术角度看，制造技术经历了手工生产、机械化生产、自动化生产、数字化生产、智能化生产等过程，通过使用新技术、新工艺、新材料、新工具，制造技术的发展由自动化迈入数字化，再由数字化迈入智能化。智能制造代表着制造技术的未来发展方向，同时也是对制造技术发展趋势的一种响应。因此，从技术角度看，智能制造是一种制造技术，是综合、复杂、集成的制造技术，是把大数据、云技术、物联网、仿真、3D打印等新一代信息技术与现代制造技术深度融合，使得制造技术具备自我学习、组织、管理、检查、思考等柔性的智能功能，能够对生产过程中产生的信息进行存储和分析，对设备运行问题进行自我分析、自我推理、自我处理，最终形成制造系统的知识库，还能对知识信息库不断进行更新、完善、发展和共享。与传统制造技术相比，智能制造技术更具自我管理能力、感知能力、纠错能力、系统集成能力，对人脑的替代程度更高，更加具备人类思考的能力。这是对智能制造含义的一种基础性解读，目前大多数对智能制造的理论研究停留在这个层次，智能制造技术的应用也主要分布在技术层面。

7.1.3　智能制造系统的层次

从系统论观点出发，制造系统包括制造过程的组成环节及其之间的相互作用，而智能制造在制造系统中相应地表现为智能制造系统，实现制造环节的智能化及智能环节与智能环节的相互作用。智能制造根据应用层次可分为不同级别的智能制造系统，从低到高依次是智能设备层、智能车间、智能工厂、智能企业、智能产业链和智能生态，如图7-1所示。较低层次的智能制造系统，如车间、单台制造设备或者特定环节的智能技术，通常被叫作"智能化孤岛"。因此，智能制造实质上是一种典型的多分布自主体的先进制造系统，具备个体的"自主"和整体上的"协同"机制。与传统制造系统相比，嵌入智能制造的生产系统更具备系统集成能力，调动各层制造子系统智能协作，能够更有效地提高生产效率。

1. 智能设备系统层级

智能设备系统层级是智能制造发展的最低阶段，主要包括具备智能功能的控制器、传感器、仪表、机床、生产线等生产领域的制造设备，机器设备智能化是智能制造推进的前提和物质基础。

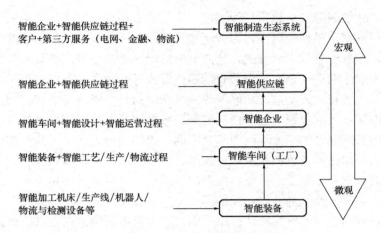

图 7-1　智能制造系统的层次图

2. 智能车间系统层级

智能车间系统层级主要包括管理智能设备的监视控制系统、采集生产数据与分析的数据库系统、组织人际合作的现场控制系统、制造执行系统等，是智能设备和智能工艺共同作用的地方，实现面向工厂和车间的智能生产管理。

3. 智能企业层级

智能企业层级不仅包括智能设备和智能车间层级系统内容，还包括智能财务管理系统、人力资源管理系统、企业生产计划系统、存货管理系统、物流管理系统、供应链管理系统等，是智能制造设备、智能制造车间、智能设计和智能运营共同完成任务的场所。

4. 智能供应链系统层级

智能供应链系统层级不仅包含产品生命周期各环节的链条管理，还包括关联产业、关联企业、关联客户关系的智能管理，由产业链、产品价值链、产品周期链上的企业通过互联网技术实现信息共享，推进协同研发、协调生产、精准物流的实现。

5. 智能生态层级

智能生态层级是最高层级，包含智能设备、智能生产系统、先进制造技术等不同层级系统在企业的相互作用，涵盖产业链、产品价值链、生产要素供应链等各环节企业的分工协作，最终形成以智能制造技术为核心，智能制造产业集聚，智能供应链相互承接，智能装备企业联合推进，各分工领域"专精特"，中小企业蓬勃发展，智能产品消费成为主流的智能生态。

7.1.4　智能制造的标准化建设及引导作用

国家标准化管理委员会、中央网信办、发展改革委、科技部、工业和信息化部五部委于 2020 年 7 月 27 日联合发布了"关于印发《国家新一代人工智能标准体系建设指南》的通知"。在《建设指南》中，人工智能应用领域第一项就是智能制造，可见我国对智能制造标准化建设的重视。智能制造对于我国产业升级，从中低端制造向高端发展，促进中国从制造大国转变为制造强国尤为关键。在国家新一代人工智能标准体系建设中，智能制造术语将规范，并规范工业制造中信息感知、自主控制、系统协同、个性化定制、检测维护、过程优化等方面技术要求，形成标准。重点建设大规模个性化定制、预测性维护（包括 VR/AR 技术的应用）、工艺过程优化、制造过程物流优化、运营管理优化等标准。系列相关标准的建立，将推动人工智能技术在开源、开放的产业生态不断自我优化，充分发挥基础共性、伦理、安全隐私等方面标准的引领作用，指导人工智能国家标准、行业标准、团体标准等的制修订和协调配套，形成标准引领人工智能产业全面规范化发展的新格局。

7.2　建筑陶瓷产业智能制造现状

7.2.1　建筑陶瓷产业推进智能制造建设的紧迫性

面对当前国内外的形势，我国墙地砖生产企业面临着巨大的转型压力。一方面，劳动力成本迅速攀升、产能过剩、竞争激烈、客户个性化需求日益增长等因素，迫使企业从低成本竞争策略转向建立差异化竞争优势。在工厂层面，企业面临着招工难，以及缺乏专业技师的巨大压力，必须实现减员增效，迫切需要推进智能制造建设。另一方面，物联网、协作机器人、增材制造、预测性维护、机器视觉等新兴技术迅速兴起，为企业推进智能制造建设提供了良好的技术支撑。再加上国家和地方政府的大力引导扶持，使越来越多的建筑陶瓷企业开启了智能制造建设的征程。

生产方式的不同，决定了一个行业生产力水平的高低。如果将墙地砖生产方式与德国"工业 4.0"相对标，大体上，机械化处于"1.0"的阶段，自动化处于"2.0"的阶段，信息化处于"3.0"的阶段，智能化处于"4.0"的阶段。从目前整体来看，中国建筑陶瓷行业还处在"2.0"向"3.0"的过渡阶段，正朝着信息化、智能化的方向快速推进。墙地砖生产方式实现真正意义上智能制造的那一天，就是达标德国"工业 4.0"的那一天。

陶瓷智能制造以机器代替人，解决招工难，降低劳动力成本，提高生产效率。积极推进智能化装备与制造，实现信息化与自动化的融合，实现个性化柔性定制，这无疑是陶瓷行业当下与未来发展的方向与趋势。

7.2.2　建筑陶瓷装备智能化的现状

1. 建筑陶瓷产业装备发展历程

改革开放 40 多年，中国现代建筑陶瓷行业取得了非凡的成就，就瓷砖的生产方式而言，先后经历了半机械化、机械化、自动化等阶段，目前正朝着信息化、智能化的方向快速推进。

目前国内建筑陶瓷行业还处于自动化向信息化转变的过程，企业单纯的数据采集，未能真正将供应链、销售链和生产环节的数据集结起来，而若其背后没有大数据支撑，智能生产的道路将会受阻，因此国内建筑陶瓷行业的生产进程，还有许多挑战。

2. 建筑陶瓷产业装备智能化现状

近几年，我国的陶瓷装备制造企业为建筑陶瓷行业的转型升级不断创新着，研发了不少新的技术和装备，如大板生产技术及装备、连续式球磨生产技术及装备、干法制粉生产技术及装备、数字化布料生产技术及装备、节能减排生产技术及装备等，为建筑卫生陶瓷行业的发展提供技术和装备的保障。

陶瓷大板代表了绿色产品生产迈向了智能生产水平。目前，国际上陶瓷大板的生产装备主要是以意大利 System、Sacmi、Siti B&T 为代表的西方生产厂家和以中国为代表的恒力泰、科达。System 采用超大吨位无模框皮带式顶压成型工艺与装备，Sacmi 采用连续辊压成型工艺与装备，Siti B&T 采用超大吨位无模框成型工艺与装备。国内恒力泰、科达均采用传统的压制成型工艺与装备，推出了超大吨位的传统压机，为陶瓷大板设备的国产模式奠定了坚实的基础。

压机、窑炉、喷墨机基本上都实现了国产，连续球磨生产技术及装备应用也在提高。干法制粉生产技术装备近几年开始得到应用，目前国内有十几家企业已采用该技术。西班牙79%的生产线采用了干法。干法制粉是一个今后值得推广的工艺，但是不可能完全取代湿法工艺，因为不同的产品对粉料制备的要求不同，不同的地区也有差异，实际上干、湿两种模式将共存，共同发展。数字化布料生产技术及装备这两年有了很大的进步。节能减排技术及装备有了长足的进步。节能窑炉这几年进步的幅度比往年大，品质得到了很大的提高。正因为有这些技术和装备的发展，为建筑卫生陶瓷行业智能化建设提供了技术和装备的基础，建筑陶瓷企业这几年开始了智能制造征程。

在全球瓷砖产业链最完整、产业集群最成熟的佛山产区，各种配套产业的发展在瓷砖制造业的带领下正呈现出蓬勃的发展势头。尤其是近年来，伴随着企业转型升级步伐的加快，各类机器人纷纷进入瓷砖生产车间，如自动上砖机、自动下砖机、自动储坯机、自动打包机、自动分选机、无人驾驶的入库叉车等，这些带有一定智能的自动化设备的广泛应用，在大力提升瓷砖生产水平的同时，也减少了大量普通岗位的操作员工，在一定程度上解决了企业用工荒。

3. 建筑陶瓷产业装备智能化待解决的问题

随着自动化水平的不断提升，瓷砖生产方式再往前走，无疑面临着信息化的挑战。在这个大数据、云计算被普遍应用于新型产业的时代，制造业的信息化，尤其是瓷砖行业的信息化相对滞后。目前，瓷砖生产企业的信息采集与储备大多还处于单纯的数据采集阶段、信息孤岛阶段。这一点从很多企业的组织架构当中就可以看出，有几家企业设立了单独的信息中心？有几家企业能够将供应链、销售链和生产环节的数据集成在一起？又有几家企业能够依托信息链重新架构企业的价值链，最终实现从互联网到物联网的跨越？

智能制造离不开大数据的支撑，不仅要实现人与机器的数据交互，更要实现机器与机器之间的数据交互，利用大数据、云计算、模型、场景，解决生产当中前瞻性、预测性的问题，从而使瓷砖生产过程逐步向着无介入、透明、互联、实时、可扩展的目标迈进。

消费者在终端门店哪怕是订购一批数量很小的瓷砖产品，生产厂家都能够迅速收到订单并更新库存，而不是由经销商集中这些信息，再向厂家统一采购。如果生产厂家无法拿到消费者更具体、更详细的个人数据，比如消费者的年龄、职业、喜好、住房面积、小区地段、购砖时间等，企业的产品库存，就只能根据经销商的订单数量来决定。而不是直接由消费者订单来决定。没有这些数据，企业接下来的新产品研发，就会更多受经销商喜好的影响，而不是消费者的喜好。

企业在依托大数据重构价值链的过程当中，如果不能将供应链、销售端和制造环节相统一，如果打不通这些环节，不能实现数据共享、多点对接，那么就无法降低厂家和经销商的库存，无法及时进行排产计划的调整，无法实现真正意义上的按需生产，也就无法进一步降低企业的生产成本。

整合分析信息的能力是智能化的关键。目前，瓷砖生产过程当中喷墨打印、分选、打包、搬运、入库等环节的自动化水平相对较高，机器人应用较为普遍，但对这些环节的数据采集、集成、应用还相对薄弱，不能够实现数据的完整采集、集中、统一和交互，尤其是原料采购、粉料制备、配料供应等，大多还处于借助管理软件对人力资源和管理流程进行优化升级的初始阶段，无法实现生产全过程数据的实时交互、匹配与集成应用，在一定程度上限制了企业自动化水平的进一步提升，更别说智能制造。

近年来，虽然大部分企业建立了 OA（办公自动化）、ERP（企业资源计划）、CRM（客户关系管理）、HR（人力资源）、PDM（产品数据管理）、SCM（供应链管理）等管理系统，但这些管理系统当中产生的数据同样存在孤立、不匹配、不兼容的问题。企业引进并建立一套管理软件相对容易，难的是如何将不同的系统、不同的数据相互整合在一起，让数据通过交互产生生产力，而不是仅仅局限于数据考核和机器代替人。

前进道路虽有艰难险阻，但智能制造正以令人惊喜的速度对传统制造业的生产方式进行着迭代升级。在以建筑陶瓷制造业闻名的佛山，机器人产业正成为近年来最火爆的朝阳产业之一。相信随着人工智能技术的进步，将会孕育出越来越多的工业互联网生态系统和基于大数据的人工智能技术平台，进一步实现机器人与互联网的融合，可以由更多的机器人投入到瓷砖生产的各个工序当中，可以由平台采集的各类数据实现对产供销各个系统机器人运行状况的分析、预测、监控和维护，从而实现建筑陶瓷行业真正意义上的智能制造。

7.2.3 我国建筑陶瓷产业智能制造企业现状

目前，在建筑陶瓷产业，传统的高能耗、重污染的生产形态早已行不通。在陶瓷行业面临着淘汰落后产能、重新洗牌、战略调整的大变革中，在环保、成本等的压力下，建筑陶瓷企业转型升级势在必行，朝着智能化迈进已成为建筑陶瓷企业的必然发展趋势。前些年开始，"智能化"就已不断在行业被提起，知名陶瓷企业纷纷计划向着智能制造迈进。近几年来，建筑陶瓷生产企业在全国开启新一轮产能布局，投建现代化智能生产线。

2017 年 2 月，亚细亚斥资 1.5 亿在湖北咸宁投产的大板大理石瓷砖生产线从原料加工到釉线设备全部采用数码智能化设备，全厂有三条生产线，仅 500 人（含后勤人员），年产值达到 6 亿元人民币，人均产值达到 120 万元/人。

2017 年 3 月 21 日，重庆唯美陶瓷有限公司正式投产。投产的重庆唯美一期一号主车间的第一条生产线，长度为 1500m 左右，只有 50 个工人，线上的所有作业环节均实现了机器代人，工人只负责操作机器。

东鹏控股于 2015 年发布中国建筑陶瓷工业 2025 战略，并启动智能制造的相关项目。2019 年 11 月 29 日，东鹏智能家居创意产业园在重庆永川正式投产。创意产业园的智能主要体现在全自动智能化生产上，整个生产线从原料到包装入库均可连入云互联网操作平台上，实现了集中调度管理，远程控制等目的，上万个各种传感器遍布在整个生产线，实时反馈生产状态，逐步全面实现智能判断调整的智能化系统。如颜料加工环节实现自动配置，人工劳动力将减少 40%。

2019 年国产 36000t 压机在蒙娜丽莎集团成功投产，凭借先进的设备和技术，蒙娜丽莎陶瓷板材规格涵盖 1800mm×900mm、2400mm×1200mm、3600mm×1600mm，厚度从 3.5mm 到 20.5mm，不再局限于陶瓷薄板 6mm 的厚度，而是可以根据需要定制尺寸和厚度，满足消费者不同层次的需求，实现了一定程度的柔性化生产。陶瓷薄板生产示范线，干净、整洁的车间内极少看到操作员工。不同的机器人手臂不间断地在操作，一条生产线上，生产工人只有 10 人左右，用工数量创下了纪录。见图 7-2。

图 7-2　蒙娜丽莎薄板生产示范线

2018 年 1 月 23 日上午，中国建筑卫生陶瓷协会授予新明珠陶瓷集团首个"中国建筑陶瓷绿色智能制造示范基地"，为其他企业提供绿色智能制造发展的示范样本。该示范基地由新明珠陶瓷集团投入巨资打造，从配料到自动打包入库，当中 12 个步骤，工人只需在控制室里轻摁按钮，就可以完成整个生产过程的控制；控制室外面，整个车间噪声小，宽敞明亮，通风透气，无尘，只有两三名工人在巡视设备；工人身边，机械手有节奏地穿行不止；通过激光打码方式，每一块砖"一砖一码"可实现从原料到生产工艺流程追溯。按照国际标准建设，新明珠集团的智能工厂由两条新建生产线和智能仓储系统等组成。厂房内，引进的激光导航大吨位智能无人驾驶叉车，用于车间内板材的运送和转移工作。在设备配置上，新明珠引进了中鹏热能的节能型陶瓷窑炉、意大利西斯特姆的 3 万吨压机，并在行业内第一个采用 WMS 立体仓储管理系统，建立了承重单库架达 3t 的智能仓库，可以容纳超过 3 万件规格达 1.6m×3.2m 的大板砖产品。见图 7-3、图 7-4。

与人们印象中污染严重的建筑陶瓷工厂不同，新明珠的智能制造工厂在低碳、节能、清洁生产、环保等多个方面都按照国际先进水平规划设计，做到了车间噪声小、无粉尘，实现了绿色生产理念的需求。

生产智能化可以提高效率、节能环保以及节省人力成本。从原料进仓到产品出库，全程都已经实现智能控制。智能生产线使一条生产线人员从原来的 200 多人减少到 40 多人，不仅降低了用工成本，更提高了产品的生产质量，使工厂生产效率成倍提高。

在产业升级的过程中，装备国产化程度较高也是一大特点。例如，在新明珠的示范基

图 7-3　智能立体仓储

图 7-4　激光导航大吨位智能无人驾驶叉车

地，车间内的无人驾驶叉车便是从杭州叉车引进的，而科达、中鹏等陶瓷机械装备制造企业也为生产线的建设贡献了力量。如果将仓储等系统也算在内，整个车间的国产化程度已经达到 80％。

　　智能化的水平与标准化的水平密切相关。低的标准化水平只能获得低水平的产品。只有不断确立高标准，在更高的标准支撑下由机器来执行的制造，将获得理想的竞争力。随着越来越多的企业加入，智能化是未来陶瓷行业的努力方向，从目前只是部分企业在实行的"非主流"慢慢变成"主流"，专家预测，陶瓷行业部分陶企生产线将会在五年后实现全自动化，十年后将会有全智能化生产的陶瓷企业。

7.2.4 发展陶瓷产业智能制造的措施

智能制造是一场变革，是企业做大做强的必经之路，智能化可以提质增效，从另一方面来讲也是弯道超车的大好时机。

随着科技的发展，用户对需求从批量化逐渐走向定制化，开始对建筑卫生陶瓷生产的柔性、绿色、智能等方面有了更多的诉求。节能降耗装备、环境保护装备、自动化装备以及提升产品质量装备将是今后一段时间陶瓷企业的关键所在。

社会正在转型，从高速增长型进入高质量发展阶段，品牌成为行业和社会发展的方向。

绿色制造、绿色建材和智能制造是一个大战略，也是一个大趋势，并逐步向物流智能化迈进。对未来"2025 战略"，将从产、销、人、发、财等几方面完善好智能化的主要业务需求架构，逐步实施建筑陶瓷智能化生产。

在创新驱动、智能转型、强化基础、绿色发展的发展原则下，政府将顺应"互联网＋"的发展趋势，采取财政贴息、加速折旧等措施，促进建筑陶瓷产业工业化和信息化深度融合，开发利用网络化、数字化、智能化等技术，推动产业结构迈向中高端。

工业化和信息化的深度融合发展，将改变原有产业的生产技术路线、商业模式，从而推动产业间的融合发展。最终使得新技术不断得到应用，新产品和服务被广泛普及，从而加速孕育建筑陶瓷产业创新发展的新空间。

综合以上因素，发展陶瓷产业智能制造应采取以下措施：

1）转变思想，推进陶瓷企业智能化改造工程

建立以企业为主体、市场为导向、产学研相结合的技术创新体系，提高人均产值及产品附加值，转变思想，增强机器代替人的紧迫感，着力提高企业信息技术、自动化技术、智能制造水平，依托国内外智能装备制造技术，加快陶瓷产业智能制造推进步伐。

（1）推进制造过程智能化。在行业重点企业，加快建设智能工厂和数字化车间，鼓励企业加快建设智能工厂，提高 MES、ERP、PLM 和机器设备网络的互联互通集成能力，形成联网协同、智能管控、大数据服务的制造模式，全面提升企业的资源配置优化、实时在线优化、生产管理精细化和智能决策科学化水平。

（2）推进以智能制造为主攻方向的"机器换人"。按照"分类指导、典型示范、政策扶持、机制保障"的工作思路，以全面推进智能制造为主攻方向，切入智能制造的关键环节，充分调动企业积极性，开展智能化机器换人工程，推广一批工业机器人和先进适用装备，实现陶瓷生产领域的减员增效；培育一批智能制造工程技术服务企业，带动行业生产效率、资源利用（节能、节水、节材）水平、产品优质品率（合格率），促使智能制造水平大幅提升。

（3）推进存量装备智能化改造。按照"市场导向、重点突破、竞争安排、绩效导向"原则，在陶瓷制造企业开展存量装备智能化改造项目，即通过物联网、云计算和自动化控制等技术，对机器设备和生产流程等进行自动化、数字化和智能化改造，在企业内部形成"自动化生产线＋工业机器人＋专用网络"的工业物联网。打造"物联网式制造工厂"，使企业提升传统制造方式自动化、智能化、网络化水平，显著提升陶瓷生产企业的生产效率与产品品质，培育一批产品质量有保证、品牌有影响的企业。

2）加强企业信息基础设施（硬件建设、软件建设）建设

（1）提升信息基础设施水平，推进宽带网络升级提速。加强统筹协调，提供配套保障，以城乡建设、经济社会发展总体规划为依据，有序推进共建共享，全面提升应用水平，发挥其对产业发展的基础支撑作用。重点建设宽带提速、光网园区、无线城市、三网融合等工程，启动实施以光纤宽带为主的"企企通"工程，推广重点工业企业及生产性服务企业高带宽专线服务，加快推进宽带网络进企业、入车间、联设备。着力建设适度超前、安全便捷、高效泛在的信息基础设施，完善信息平台公共服务功能，加强信息资源互通共享，提升信息安全保障水平。

（2）推动陶瓷产业专业软件的开发与应用。支持具有自主知识产权的陶瓷专业基础软件、嵌入式软件、控制软件、应用软件及中间件产业化，加快研发及推广应用步伐。鼓励本土陶瓷企业以多种形式与专业软件公司共同开发与应用。

（3）推进信息资源整合，加大信息资源的利用。以智慧应用为导向，以市场需求和创新为动力，以资源整合为基础和核心，加大信息服务平台建设，（筹划）启动建设云计算中心（陶瓷产业园区云计算中心），逐步实现企业之间、政府部门之间、企业与政府之间在软硬件基础设施、数据资源和公共应用平台三个层面的共建共享，打通企业、政府部门间的"信息孤岛"，逐步实现基础设施、数据资源和应用平台三个层次上的信息资源整合，实现资源共享，提升网络利用效率。

（4）加快推动功能性服务平台中心建设。推动国家级、省级（高新技术骨干企业）数据服务中心、呼叫中心、云计算中心等功能性平台落户，提升信息数据存储和服务能力。支持具备条件的园区、开发区及大、中型骨干企业建设"云＋网＋端"三级工业信息基础设施服务平台，为行业企业提供优质的信息化解决方案。推动电信、广电网络运营商及相关企业拓展工业大数据服务业务，鼓励中小型园区及行业企业向信息服务提供商购买专业服务。

3）政策引导推动智能制造工业上规模、上水平

设立智能制造产业引导基金，发挥政府资金杠杆作用，采取市场化运作，重点投资智能制造。将智能制造上升为建筑陶瓷发展战略目标，陆续配套相关金融、财税等支持政策，营造良好环境，积极引导大型智能装备制造企业、自动控制企业、软件公司推动及促进建筑陶瓷智能制造产业升级，推动建筑陶瓷智能制造工业上规模上水平。

4）加快人才培养，引进创新人才

就目前看来，智能装备制造行业、生产企业、信息服务等这类高端人才及复合型人才需求的缺口较大，现有人才远不能满足企业走向智能化的需要，需要加大培养力度，培养一支陶瓷产业创新人才队伍，为陶瓷产业智能制造创造有利条件。

陶瓷产业迈向智能制造时代后，将由劳动密集型逐步向技术密集型产业转变，专业技术人才将成为企业发展的核心竞争力。在人才培育方面，应在现有陶瓷专业人才培养的基础上，改善办学条件，培养高级设计及应用型高级人才。在现有陶瓷设计、陶瓷材料、陶瓷机械、自动控制、信息工程等相关专业中，开设有关智能制造方面的课程，增设以陶瓷行业为特色方向的人工智能专业，满足智能制造发展对人才的迫切需求。在中高端人才方面，打破专业限制，可联合培养硕士、博士研究生，开展建筑陶瓷智能制造方面的研究。

5) 政府科学引导、政策扶持

科学引导产业有计划分步骤地向智能制造转变，前期可在用工量大、信息化水平较高的龙头企业进行试点，打造1~2家智能制造示范性企业。条件成熟后，利用示范企业改造前后的数据进行大力宣传，配合引导性政策，在规定时间内完成全行业智能制造的升级改造工作。对新建企业应提高准入门槛，来适应产业发展。可将相应的关键性指标进行量化来进行判断，如生产自动化程度、管理信息化程度、平均员工年产出、技术工人比例等，要求新建企业智能制造水平应不低于同期中等企业发展水平。通过指标量化工作来淘汰一批落后企业，提高整个产业的智能制造水平。

7.3　智能制造建筑陶瓷企业的工厂设计

理解了什么是智能制造及建筑陶瓷智能制造的现状之后，接下来介绍随着智能制造的建设，传统方式的建筑陶瓷工厂的现在及未来将发生的方方面面的变化。

7.3.1　智能制造企业的劳动定员

第一，实现了智能制造的企业一线的操作工人数量将急剧减少。原来一条线需要一两百人，降低到只需要数十人。随着智能化水平的提高，人员数量将进一步减少，未来高度信息化、智能化的生产，整个生产流程几乎不需要人工干预，全部由智能设备、机器臂、智能机器人完成。24h全自动作业，也无须轮班，朝着无人化的高度智能的"黑灯工厂"方向发展。

第二，智能制造企业对人员的技能结构将发生极大的改变。智能制造作为技能偏向型技术，将进一步加快制造业内部劳动力技能结构变化，技能偏向本身会增加高技能劳动力需求，减少低技能劳动力需求。以工业机器人为主的智能装备主要应用于建筑陶瓷企业，从事组装、搬运等操作简单、重复性高的低技能劳动力逐渐被机器替代。此外，质量监测、物流分拣等机械化动作岗位劳动力需求也逐渐减少，智能制造对制造业部分低技能劳动力表现出较强的替代作用。与此同时，智能制造也需要大量高技能的专业人才，围绕建筑陶瓷的生产工艺与智能技术的结合，智能装备的使用、维护、升级等装备服务，智能制造信息中心监控及对数据信息进行分析处理，智能财务管理、智能计划管理、智能供应链管理、智能产品销售等都增加对高技能劳动力的需求。

7.3.2　智能制造企业的设备选型及工艺设计

智能制造通过数据采集、通信技术，将生产线上的设备及工艺互相连接成一个整体，不仅某些设备或特定工艺环节具有智能特征，整条生产线也具有了一定的智能。建筑陶瓷企业已经逐步从较低层次的智能制造系统，即"智能化孤岛"中，走向整线智能化生产，这对于设备选型、工艺设计将产生重大影响。

原来传统的设备将被淘汰、取代，特别是还没有实现自动化的设备，如喂料机、间歇式球磨机等，将被连续喂料系统、连续球磨机所取代，并且智能化程度越来越高，人工干预程度越来越少。智能设备之间如何进行信息传递，互相匹配协调进行智能化沟通，能够根据上、下游设备（工艺）的参数变化而智能化调整工艺参数，将成为设备选型的重点。

智能制造可以明显提高生产效率、提高各工艺环节的产品合格率、降低损耗等重要工艺设计参数。智能化设备可以根据情况，在一定的范围内"自我"柔性地调整其自身参数，甚至可以根据实际需要进行柔性化自动组合，极大地扩展生产线的产品种类，可以柔性地改变产品的规格及产量，建成后不易改变的刚性生产线将变成智能化的柔性化生产线，以某种产品及产量来进行设计的思路、理念将被颠覆。

7.3.3　智能制造对总平面设计的影响

智能制造对总平面设计的影响有以下几方面：

（1）智能制造企业对于生产数据的采集、大数据的分析处理、信息通信等要求高，在总平面设计中必须考虑设立专门的智能制造数据信息中心，对于信息中心需要考虑其具体位置在哪里合适，需要多大的面积，什么内部环境，设立的标准是什么等问题。

（2）智能制造企业增加了大量的智能移动设备，而劳动人员的极大减少，对于物流通道、人流通道的设计很明显将发生改变。物流通道将增加，人流通道将减少。未来高度智能的无人"黑灯工厂"，即使检修、维护设备也可能是高度智能的机器人，车间内将几乎不用考虑人流通道。

（3）实现了绿色生产的智能化企业，因粉尘污染、烟气有害成分的污染等被控制或消失，从而不存在传统建筑陶瓷企业易产生的粉尘污染源、烟气污染源，对于考虑污染危害的风向而进行的工艺布局将逐步解除此限制。

（4）在管网建设中需要增加信息化管路建设。高度的智能化依托于各生产现场中设备、工艺等的大量的信息采集及汇总，信息通道的可靠性、及时性、冗余性、鲁棒性及抗干扰能力，对环境的要求都需要设计考虑。

（5）实现了柔性化生产的高端智能制造企业，可以根据客户的需求定制化按需生产，传统的大规模生产模式将改变，其用于堆放大量产品的大面积仓库将极大减小。原料仓库的设计也将因自动化、柔性化生产的要求而改变。

未来已来，以上介绍的智能制造对工厂设计的影响有些已经发生，有些将要发生。随着智能制造的深入发展，工厂设计也将实现智能化。只要提供基本的要求及足够的基础数据，已经包含了大量的原料数据库、设备数据库的智能工厂设计系统，将自动地进行总平面设计、原料车间设计、成烧车间设计、技术经济核算等，最后自动生成详细的设计说明书及设计图纸。调整设计的目标之后可以反复让智能工厂设计系统进行修改，可以出不同的方案让我们挑选比较，我们只需要最后审核是否达到了要求。

附录一 国家标准 GB/T 4100—2015《陶瓷砖》摘要

表1 陶瓷砖分类及代号

按吸水率（E）分类		低吸水率（Ⅰ类）				中吸水率（Ⅱ类）				高吸水率（Ⅲ类）	
		E≤0.5%（瓷质砖）		0.5%<E≤3%（炻瓷砖）		3%<E≤6%（细炻砖）		6%<E≤10%（炻质砖）		E>10%（陶质砖）	
		AⅠa类		AⅠb类		AⅡa类		AⅡb类		AⅢ类	
		精细	普通	精细	普通	精细	普通	精细	普通	精细	普通
按成型方法分类	挤压砖（A）										
	干压砖（B）	BⅠa类		BⅠb类		BⅡa类		BⅡb类		BⅢ类*	

* BⅢ类仅包括有釉砖。

表2 干压陶瓷砖的厚度

表面积 S	厚度值
S≤900cm²	≤10.0mm
900cm²<S≤1800cm²	≤10.0mm
1800cm²<S≤3600cm²	≤10.0mm
3600cm²<S≤6400cm²	≤11.0mm
S>6400cm²	≤13.5mm

注：微晶石、干挂砖等特殊工艺和特殊要求的砖有合同规定时，厚度由供需双方协商。

表3 挤压陶瓷砖按吸水率划分的部分主要技术指标

按吸水率（E）分类		E≤0.5%		0.5%<E≤3%		3%<E≤6%		6%<E≤10%		E>10%	
		精细	普通	精细	普通	精细	普通	精细	普通	精细	普通
长度和宽度	每块砖（2条或4条边）的平均尺寸对于工作尺寸（W）的允许偏差/%	±1.0mm，最大±2mm	±2.0mm，最大±4mm	±1.0mm，最大±2mm	±2.0mm，最大±4mm	±1.25mm，最大±2mm	±2.0mm，最大±4mm	±2.0mm，最大±4mm	±2.0mm，最大±4mm	±2.0mm，最大±4mm	±2.0mm，最大±4mm
	每块砖（2条或4条边）的平均尺寸对于10块砖（20条或40条边）平均尺寸的允许偏差/%	±1.0	±1.5	±1.0	±1.5	±1.0	±1.5	±1.5	±1.5	±1.5	±1.5
	制造商选择工作尺寸应满足要求	模数砖名义尺寸与工作尺寸连接宽度允许在3～11mm之间；非模数砖工作尺寸与名义尺寸之间的偏差不大于±3mm。									

续表

按吸水率（E）分类	E≤0.5%		0.5%<E≤3%		3%<E≤6%		6%<E≤10%		E>10%	
	精细	普通	精细	普通	精细	普通	精细	普通	精细	普通
厚度[b] 厚度由制造商确定；每块砖厚度的平均值相对于工作尺寸厚度的允许偏差/%	±10	±10	±10	±10	±10	±10	±10	±10	±10	±10
边直度[c]（正面）相对于工作尺寸的最大允许偏差/%	±0.5	±0.6	±0.5	±0.6	±0.5	±0.6	±1.0	±1.0	±1.0	±1.0
直角度[c] 相对于工作尺寸的最大允许偏差/%	±1.0	±1.0	±1.0	±1.0	±1.0	±1.0	±1.0	±1.0	±1.0	±1.0
表面平整度最大允许偏差/% 相对于由工作尺寸计算的对角线的中心弯曲度	±0.5	±1.5	±0.5	±1.5	±0.5	±1.5	±1.0	±1.5	±1.0	±1.5
相对于工作尺寸的边弯曲度	±0.5	±1.5	±0.5	±1.5	±0.5	±1.5	±1.0	±1.5	±1.0	±1.5
相对于由工作尺寸计算的对角线的翘曲度	±0.8	±1.5	±0.8	±1.5	±0.8	±1.5	±1.5	±1.5	±1.5	±1.5
背纹（有要求时）深度（h）/mm	$h \geq 0.7$									

a 以非公制尺寸为基础的习惯用法也可用在同类型砖的连接宽度上。
b 在适用情况下，陶瓷砖厚度包括背纹的高度。
c 不适用于有弯曲形状的砖。

表 4　干压陶瓷砖按吸水率按划分的部分主要技术指标

按吸水率（E）分类		E≤0.5%		0.5%<E≤3%		3%<E≤6%		6%<E≤10%		E>10%	
		70mm≤N<150mm	N≥150mm	70mm≤N<150mm	N≥150mm	70mm≤N<150mm	N≥150mm	70mm≤N<150mm	N≥150mm	70mm≤N<150mm	N≥150mm
长度和宽度	每块砖（2条或4条边）的平均尺寸相对于工作尺寸（W）的允许偏差/%	±0.9mm	±0.6，最大±2mm	±0.9mm	±0.6，最大±2.0mm	±0.9mm	±0.6，最大±2.0mm	±0.9mm	±0.6，最大±2.0mm	±0.75mm	±0.5，最大±2.0mm
	制造商选择工作尺寸应满足要求	抛光砖：最大±1.0mm	模数砖名义尺寸连接宽度允许在2～5mm之间[a]；非模数砖工作尺寸与名义尺寸之间的偏差不大于2%，最大5mm								
厚度[b] 厚度由制造商确定；每块砖厚度的平均值相对于工作尺寸厚度的允许偏差/%		±0.5mm	±5，最大值±0.5mm	±0.5mm	±5，最大值±0.5mm	±0.5mm	±5，最大值±0.5mm	±0.5mm	±5，最大值±0.5mm	±0.5mm	±10，最大值±0.5mm
边直度[c]（正面）相对于工作尺寸的平均值的最大允许偏差/%		±0.75mm	抛光砖：±0.2，最大值≤1.5mm ±0.5，最大值±1.5mm	±0.75mm	±0.5，最大值±1.5mm	±0.75mm	±0.5，最大值±1.5mm	±0.75mm	±0.5，最大值±1.5mm	±0.75mm	±0.3，最大值±1.5mm
直角度[c] 相对于工作尺寸的最大允许偏差/%		±0.75mm	抛光砖：±0.2，最大值≤2.0mm ±0.5，最大值±2.0mm	±0.75mm	±0.5，最大值±2.0mm	±0.75mm	±0.5，最大值±2.0mm	±0.75mm	±0.5，最大值±2.0mm	±0.75mm	±0.5，最大值±2.0mm

续表

按吸水率（E）分类	E≤0.5%		0.5%<E≤3%		3%<E≤6%		6%<E≤10%		E>10%	
	70mm≤N<150mm	N≥150mm	70mm≤N<150mm	N≥150mm	70mm≤N<150mm	N≥150mm	70mm≤N<150mm	N≥150mm	70mm≤N<150mm	N≥150mm
相对于由工作尺寸计算的对角线的中心弯曲度	±0.75mm	±0.5，最大值±2.0mm	±0.75mm	±0.5，最大值±2.0mm	±0.75mm	±0.5，最大值±2.0mm	±0.75mm	±0.5，最大值±2.0mm	+0.75mm，−0.5mm	+0.5，−0.3，最大值+2.0mm，−1.5mm
相对于工作尺寸的边弯曲度	±0.75mm	±0.5，最大值±2.0mm	±0.75mm	±0.5，最大值±2.0mm	±0.75mm	±0.5，最大值±2.0mm	±0.75mm	±0.5，最大值±2.0mm	+0.75mm，−0.5mm	+0.5，−0.3，最大值+2.0mm，−1.5mm
相对于由工作尺寸计算的对角线的翘曲度	±0.75mm	±0.5，最大值±2.0mm	±0.75mm	±0.5，最大值±2.0mm	±0.75mm	±0.5，最大值±2.0mm	±0.75mm	±0.5，最大值±2.0mm	±0.75mm	±0.5，最大值±2.0mm
表面平整度最大允许偏差/%	抛光砖的表面平整度允许偏差为±0.15，且最大偏差≤2.0mm。边长>600mm的砖，表面平整度用上凸和下凹表示，其最大偏差≤2.0mm。								边长>600mm的砖，表面平整度用上凸和下凹表示，其最大偏差≤2.0mm。	
背纹（有要求时）深度（h）/mm	h≥0.7									

a 以非公制尺寸为基础的习惯用法也可用在同类型砖的连接宽度上。

b 在适用情况下，陶瓷砖厚度包括背纹的高度。

c 不适用于有弯曲形状的砖。

表5 按照吸水率划分各类砖的部分主要技术指标

按吸水率 (E) 分类		E≤0.5% 挤压陶瓷砖	E≤0.5% 干压陶瓷砖	0.5%<E≤3% 挤压陶瓷砖	0.5%<E≤3% 干压陶瓷砖	3%<E≤6% 挤压陶瓷砖	3%<E≤6% 干压陶瓷砖	6%<E≤10% 挤压陶瓷砖	6%<E≤10% 干压陶瓷砖	E>10% 挤压陶瓷砖	E>10% 干压陶瓷砖
吸水率[a]	平均值	≤0.5%	≤0.5%	0.5%<E≤3%	0.5%<E≤3%	3%<E≤6%	3%<E≤6%	6%<E≤10%	6%<E≤10%	E>10%	E>10%
	单个值	≤0.6%	≤0.6%	≤3.3%	≤3.3%	≤6.5%	≤6.5%	≤11%	≤11%		E>9%
耐磨性	无釉地砖耐磨损体积/mm³ 单个值	≤275	≤175	≤275	≤175	≤393	≤345	≤649	≤540	≤2365	
	有釉地砖表面耐磨性[b]	报告瓷砖耐磨性级别和转数									
地砖摩擦系数	平均值	≥0.50	≥0.50	≥0.50	≥0.50	≥0.50	≥0.50	≥0.50	≥0.50	≥0.50	≥0.50
	单个值	≥0.50	≥0.50	≥0.50	≥0.50	≥0.50	≥0.50	≥0.50	≥0.50	≥0.50	≥0.50
破坏强度 (N)	厚度（工作尺寸）≥7.5mm	≥1300	≥1300	≥1100	≥1100	≥950	≥1000	≥900	≥800	≥600	≥600
	厚度（工作尺寸）<7.5mm	≥600	≥700	≥600	≥700	≥600	≥600	≥600	≥600	≥600	≥350
断裂模数 [N/mm²（MPa）] 不适用于破坏强度≥3000N的砖	平均值	≥28	≥35	≥23	≥30	≥20	≥22	≥17.5	≥18	≥8	≥15
	单个值	≥21	≥32	≥18	≥27	≥18	≥20	≥15	≥16	≥7	≥12
耐污染性	有釉砖	最低3级	最低3级	最低3级	最低3级	最低3级	最低3级	最低3级	最低3级	最低3级	最低3级
抗化学腐蚀性 耐家庭化学试剂和游泳池盐类	有釉砖	不低于GB级	不低于GB级	不低于GB级	不低于GB级	不低于GB级	不低于GB级	不低于GB级	不低于GB级	不低于GB级	不低于GB级
	无釉砖	不低于UB级	不低于UB级	不低于UB级	不低于UB级	不低于UB级	不低于UB级	不低于UB级	不低于UB级	不低于UB级	

a 吸水率最大单个值为0.5%的砖是全玻化砖（常被认为是不吸水的）；当干压陶瓷砖吸水率平均值≥20%时，制造商应说明。

b 参见"有釉地砖耐磨性分级"。

有釉地砖耐磨性分级

本分级方法仅提供了各级有釉地砖耐磨性（见 GB/T 3810.7）使用范围的指导性建议，对有特殊要求的产品不作为准确的技术要求。

0 级　该级有釉砖不适用于铺贴地面。

1 级　该级有釉砖适用于柔软的鞋袜或不带有划痕灰尘的光脚使用的地面（例如：没有直接通向室外通道的卫生间或卧室使用的地面）。

2 级　该级有釉砖适用于柔软的鞋袜或普通鞋袜使用的地面。大多数情况下，偶尔有少量划痕灰尘（例如：家中起居室，但不包括厨房、入口处和其他有较多来往的房间），该等级的砖不能用特殊的鞋，例如带平头钉的鞋。

3 级　该级有釉砖适用于平常的鞋袜，带有少量划痕灰尘的地面（例如：家庭的厨房、客厅、走廊、阳台、凉廊和平台）。该等级的砖不能用特殊的鞋，例如带平头钉的鞋。

4 级　该级有釉砖适用于有划痕灰尘，来往行人频繁的地面，使用条件比 3 类地砖恶劣（例如：入口处、饭店的厨房、旅店、展览馆和商店等）。

5 级　该级有釉砖适用于行人来往非常频繁并能经受划痕灰尘的地面，甚至于在使用环境较恶劣的场所（例如：公共场所如商务中心、机场大厅、旅馆门厅、公共过道和工业应用场所等）。

一般情况下，所给的使用分类是有效的，考虑到所穿的鞋袜、交通的类型和清洁方式，建筑物的地板清洁装置在进口处适当地防止划痕灰尘进入。

在交通繁忙和灰尘大的场所，可以使用吸水率 $E \leqslant 3\%$ 的无釉地砖。

附录二 建筑陶瓷生产主要设备型号及参数

表 1 喂料机

型号	料箱容积 (m³)	输送速度 (m/min)	喂料流量 (t/min)	电机功率 (kW)	输送方式	长 L (mm)	宽 W (mm)	高 H (mm)
FE07BE/CH	7	0~1	0.5~1	1.5+5.5	皮带/链板	4850	2300	2850
FE10BE/CH	10	0~1.48	0.5~1	2.2+5.5	皮带/链板	5720	2400	3000
FE20BE/CH	20	0~1.49	0.6~1	3+5.5	皮带/链板	6240	2550	3700
FE30BE/CH	30	0~1.49	1~1.5	3+5.5	皮带/链板	7140	3300	4000
FE40BE/CH	40	0~1.49	1.3~2	4+5.5	皮带/链板	7140	3300	4460
FE60BE/CH	60	0~1.99	1.6~2.5	5.5+5.5	皮带/链板	7900	3470	4700
TQ1510	7	0~4.0	0.3~0.5	1.1	皮带/链板	5300	1920	2400
TQ1520R	11.5	0~5.5	0.5~0.6	1.5	皮带/链板	6000	2120	3000
TQ1520	12	0~9.8	0.4~1	2.2	皮带/链板	7700	1920	2500
TQ1530R	17	0~7.0	0.4~0.8	2.2	皮带/链板	8000	2120	3000
TQ1530	20	0~9.8	0.5~1	3.0	皮带/链板	9000	2150	2880
WLJ10	7	0~2.0	0.4	0.75	皮带/链板	6000	1800	2360
WLJ20A	12	0~1.3	0.4	0.75	皮带/链板	7065	2340	2420
WLJ30A	16	0~1.3	0.5	1.5	皮带/链板	9010	2460	2800

表 2 间歇式球磨机

型号	装料量 (t)	容积 (L)	筒体转速 (r/min)	筒体尺寸 (φA×B) (mm)	整体尺寸 (mm)	电机功率 (kW)	整机质量（不含衬）(t)
QM950×1020	0.3	680	32	950×1020	1866×2900×1180	3	1.5
QM1200×1400	0.5	1520	31.7	1200×1400	2810×1506×1180	4	2.5
QM1430×1760	1	2830	27.7	1430×1760	3370×2497×1878	11	3.02
QM1800×2100	1.5	5340	23	1800×2100	3380×2918×2258	15	4.15
QM2240×2600	3	10250	18.7	2240×2600	4860×3770×3285	30	7.4
QM2600×3000	5	15920	16	2600×3000	5672×4269×3696	45	9.2
QM2850×4000	8	25500	14	2850×4000	5584×5320×3780	55	21
QM3000×4550	14	32500	13.5	3000×4550	6535×5355×4308	75	22
QM3250×4650	18	38600	13.8	3250×4650	6900×5866×4429	90	23
QM3200×4930	20	39500	13	3200×4930	7670×6680×4340	110	24
QM3400×4526	23	42200	12.5	3400×4526	6900×5550×4800	110	26
QM3400×4806	25	43600	12.5	3400×4806	7200×5550×4800	110	27
QM3400×6300	30	56300	12.5	3400×6300	9100×5716×4800	132	28
QM3600×6500	36	66100	11.8	3600×6500	9340×6474×4900	132	31
QM3600×6650	38	67600	11.8	3600×6650	9488×6330×4900	160	32
QM3600×6780	40	69200	11.8	3600×6780	9838×6474×4900	160	33
QM4100×11400	100	150000	10	4100×11400	14904×7199×5165	250	78
BM005BE	0.2	500	45	800×950	1750×1300×1900	2.2	2
BM016BE	0.5	1600	30	1200×1400	2200×1700×2200	7.5	2.5
BM030BE	1	3000	25	1500×1700	3100×2400×3100	15	3.5
BM050BE	1.5	5000	22	1800×2100	3100×2200×3700	22	4.5
BM060BE	2	6000	20	1900×2000	3400×2300×3800	30	5
BM080BE	3	8000	19	2100×2300	3450×2180×3970	37	6.5
BM110BE	4	11000	18	2180×3000	4080×2270×4110	45	8
BM120BE	5	12000	18	2250×3100	4340×2270×4110	55	9.5
BM160RE	8	16000	17	2250×4500	5920×4410×3650	75+7.5	13.5
BM280RE	12	28000	14	3000×4000	6450×4410×3650	90+7.5	16.8
BM68RE	40	68000	11.5	3600×6800	10570×6270×4770	160+11	20
BM95RE	60	95500	10.2	4000×7600	11470×7190×5260	315+22	30
BM98RE	60	98000	10.2	4000×7800	11670×7090×5260	200+18.5	30

表 3 KDM 系列连续球磨机

项 目	KDM40×2	KDM40×3	KDM50×2	KDM50×3	KDM65×2	KDM65×3
内腔尺寸（mm）	φ3000×5800×2	φ3000×5800×3	φ3200×6200×2	φ3200×6200×3	φ3500×6800×2	φ3500×6800×3
容积（L）	40000×2	40000×3	50000×2	50000×3	65000×2	65000×3
筒体转速（r/min）	9~15					
电机功率（kW）	280×2	280×3	315×2	315×3	400×2	400×3
皮带数量	25N-40×2	25N-40×3	25N-45×2	25N-45×3	25N-55×2	25N-55×3
启动方式	变频启动					

表 4 KSM 系列连续球磨机

项目	电机功率（kW）	转速（r/min）	φA（mm）	B（mm）	C（mm）	D（mm）	E（mm）	F（mm）
KSM40	1×315	18	2200	10600	13100	3000	2300	3800
KSM50	2×200	16	2600	9500	12000	3500	2500	4300
KSM60	2×250	16	2600	11300	13800	3500	2500	4500
KSM70	2×250	14	2800	11400	13900	3500	2600	4500
KSM80	2×315	14	2800	13000	15500	3500	2600	4600
KSM90	2×355	12.5	3000	12800	15300	3500	3000	4800
KSM100	2×400	12.5	3000	14200	16700	3500	3000	5000

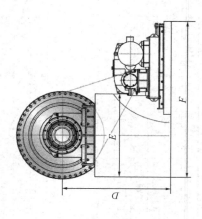

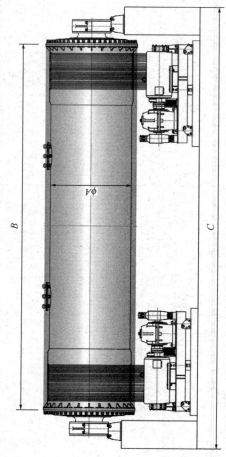

图 1 KSM 系列连续球磨机示意图

表 5　振动筛

型号	筛面有效直径(mm)	电机功率(kW)	外形尺寸(mm)	型号	筛面有效直径(mm)	电机功率(kW)	外形尺寸(mm)
GY-440-1S	400	0.55	φ440×591	GY-1000-1S	930	1.5	φ1000×689
GY-440-2S	400	0.55	φ440×714	GY-1000-2S	930	1.5	φ1000×825
GY-440-3S	400	0.55	φ440×837	GY-1000-3S	930	1.5	φ1000×961
GY-600-1S	550	0.75	φ600×699	GY-1200-1S	1130	1.9	φ1200×848
GY-600-2S	550	0.75	φ600×835	GY-1200-2S	1130	1.9	φ1200×1005
GY-600-3S	550	0.75	φ600×971	GY-1200-3S	1130	1.9	φ1200×1162
GY-800-1S	760	0.75	φ800×696	GY-1500-1S	1430	2.25	φ1500×896
GY-800-2S	760	0.75	φ800×832	GY-1500-2S	1430	2.25	φ1500×1075
GY-800-3S	760	0.75	φ800×968	GY-1500-3S	1430	2.25	φ1500×1252

表 6　除铁器

型号	处理能力(t/h)	额定磁场(GS)	额定功率(kW)	外形尺寸(mm)	气源压力(MPa)	质量(kg)	备注
MQY-1	1.5~2	18000	0.55	1600×950×1700	>0.4	600	一般适用于釉浆除铁
MQY-2	3~5	18000	0.55	1600×1600×1700	>0.4	950	一般适用于釉浆除铁
MQN-1	10~20	18000	0.55	1800×1400×1800	>0.4	600	一般适用于泥浆除铁
MQN-2	25~35	18000	0.55	2700×1400×1800	>0.4	950	一般适用于泥浆除铁

表 7　螺旋搅拌机

型号	搅拌叶直径(m)	搅拌轴转速(r/min)	浆池内直径(m)	浆池深度(m)	有效容积(m³)	电机功率(kW)	池上部分外形尺寸(mm)	质量(kg)
φ400Ⅰ型	0.4	180	1.6	1.2	1.7	1.5	2000×550×650	165
φ400Ⅱ型	0.4	360	1.6	1.2	1.7	3.0	2000×550×650	170
φ630Ⅰ型	0.63	165	2.3	1.7	5.0	5.5	2800×620×760	460
φ630Ⅱ型	0.63	300	2.3	1.7	5.0	7.5	2800×620×760	460
φ630A型	0.63	166	2.3	1.45	4.0	5.5	2800×620×760	390
φ750Ⅰ型	0.75	165	3.0	2.0	10	7.5	3500×620×760	515
φ750Ⅱ型	0.75	300	3.0	2.0	10	15	3500×620×760	550

表 8　平浆搅拌机

型号	搅拌叶直径(m)	搅拌轴转速(r/min)	浆池内直径(m)	浆池深度(m)	有效容积(m³)	电机功率(kW)	池上部分外形尺寸(mm)	质量(kg)
Φ2700	2.7	17	3.1	2.9	18.5	4	Φ540×1036	616
Φ2700/Ⅰ	2.7	17	3.1	4.0	25.6	4	Φ540×1036	656
Φ3600	3.6	14	4.1	2.9	32.5	5.5	Φ610×1096	840
Φ3600/Ⅰ	3.6	14	4.1	4.0	44.8	5.5	Φ610×1096	895
Φ4500	4.5	11	5.0	2.9	48.3	7.5	Φ720×1347	1120
Φ4500/Ⅰ	4.5	11	5.0	4.0	66.7	7.5	Φ720×1347	1188
Φ4500P	4.5	11	5.0	2.9	48.3	7.5	2005×1120×1154	1320
Φ5500	5.5	10	6.0	4.0	96.0	11	1435×780×1117	1750
Φ7000	7.0	7	8.0	4.0	170.8	15	3480×1050×1389	3100

表 9　气动隔膜泵

型号	流量(m³/h)	扬程(m)	出口压力(kgf/cm²)	吸程(m)	最大允许通过颗粒直径(mm)	最大供气压力(kgf/cm²)	最大空气消耗量(m³/min)	质量(kg)
QBY-10	0~0.8	0~50	6	5	1	7	0.3	7
QBY-15	0~1	0~50	6	5	1	7	0.3	7
QBY-25	0~2.4	0~50	6	7	2.5	7	0.6	20
QBY-40	0~8	0~50	6	7	4.5	7	0.6	24
QBY-50	0~12	0~50	6	7	8	7	0.9	50
QBY-65	0~16	0~50	6	7	8	7	0.9	56
QBY-80	0~24	0~50	6	7	10	7	1.5	70
QBY-100	0~30	0~50	6	7	10	7	1.5	78

注：最大空气耗量即需配空压机容量。

表 10　柱塞泵

型号	流量 (m³/h)	压力 (MPa)	电机功率 (kW)	进浆高度 (mm)	出浆口高度 (mm)	最大外形尺寸 (mm)	净质量 (kg)
YB85-0.1-0.9	0.1; 0.4; 0.6; 0.9	2.0	1.5	180	180	1215×850×1500	420
YB85-1.5-2.8	1.5; 1.8; 2.8	2.0	4	180	180	1215×850×1500	420
YB110-2.8-3.8	1.8; 3.8	2.0	4; 5.5	157	489	1600×1070×1860	800
YB110-5.5	5.5	2.0	7.5	157	489	1600×1070×1860	830
YB120-5.1-7.1	6.1; 7.1	2.0	11	157	489	1600×1120×1900	850
YB140D-10	10	2.0	11	153	497	1600×1120×1900	900
YB140-10-13	10; 13	1.5	15	153	497	1600×1120×1900	950
YB200-15-19	15; 19	2.0	18.5	151	571	1670×1280×2100	1200
YB200-24	24	2.0	22	151	627	1670×1280×2100	1250
YB200D-19-24	19; 24	1.0	15	151	627	1670×1280×2100	1160

表 11　喷雾干燥塔

型号	蒸发水量 (L/h)	热容量 (kcal/h)	喷枪数 (pcs)	喷嘴数 (pcs)	除尘器数 (pcs)	电机功率 (kW)	D (直径) (mm)	A (mm)	B (mm)	H (mm)	L (mm)
SD500	500	450000	2	6	2	22	4560	6200	4000	13000	8000
SD1000	1000	850000	2	6	2	37	5350	6800	5400	16000	9000
SD1500	1500	1300000	3	9	2	45	6000	7000	6000	17000	9800
SD2000	2000	1700000	4	12	2	55	6830	7500	6150	18000	10000
SD2500	2500	2200000	4	12	2	75	6830	7500	6200	18600	10000
SD3200	3200	2800000	6	18	4	90	7100	8000	6900	20500	11500
SD4000	4000	3500000	8	24	4	90	7600	8500	6900	21000	11500

续表

型号	蒸发水量 (L/h)	热容量 (kcal/h)	喷枪数 (pcs)	喷嘴数 (pcs)	除尘器数 (pcs)	电机功率 (kW)	D(直径) (mm)	A (mm)	B (mm)	H (mm)	L (mm)
SD5000	5000	4500000	9	27	4	110	7600	8600	6900	21500	11500
SD6000	6000	5200000	11	33	4	132	8360	8750	7550	23000	13000
SD7000	7000	6500000	12	36	4	160	8360	8750	7550	23500	13000
SD8000	8000	7000000	14	42	4	185	9120	9350	8270	24000	13000
SD9000	9000	8200000	16	48	6	200	9120	9350	8270	24000	13000
SD10000	10000	9000000	17	51	6	220	9880	9355	9000	26500	13500
SD12000	12000	11000000	20	60	6	250	11400	9355	10700	26800	14500
SD14000	14000	12000000	21	63	6	280	11400	9355	10700	26800	14500
SD16000	16000	14000000	24	72	6	315	12390	10200	12000	29000	15600
SD18000	18000	15500000	27	81	6	355	12390	11500	12000	30000	15600
SD22000	22000	18920000	29	87	8	400	13000	12200	13200	33000	17000
SD24000	24000	20700000	31	93	8	400	13500	12500	13700	35000	17400
SD26000	26000	22100000	94	94	6	400	14000	12000	14100	35000	20000
SD28000	28000	23800000	100	100	6	450	14000	13500	14100	36000	20000
SD29800	29800	26800000	107	107	6	500	14000	13500	14100	36000	20000
SD31600	31600	27800000	114	114	6	560	15000	13500	15000	38000	21000
SD33500	33500	28400000	120	120	6	630	15000	13500	15000	40000	21000
SD38000	38000	32300000	134	134	6	630	15000	14000	15000	42000	21000
SD41000	41000	34900000	147	147	6	800	16500	14000	16300	43000	22500
SD46500	46500	39600000	167	167	6	950	18000	14000	17600	45000	24000

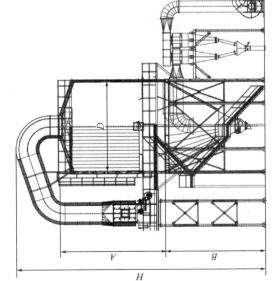
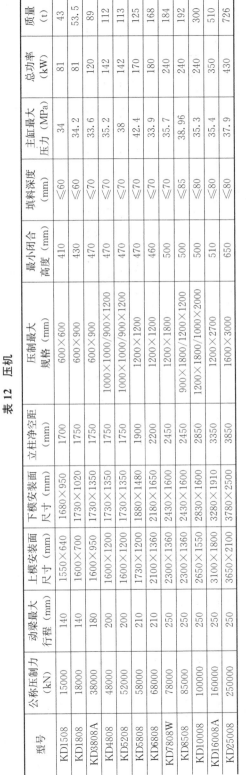

图 2 喷雾干燥塔示意图

表 12 压机

型号	公称压制力 (kN)	动梁最大行程 (mm)	上模安装面尺寸 (mm)	下模安装面尺寸 (mm)	立柱净空距 (mm)	压制最大规格 (mm)	最小闭合高度 (mm)	填料深度 (mm)	主缸最大压力 (MPa)	总功率 (kW)	质量 (t)
KD1508	15000	140	1550×640	1680×950	1700	600×600	410	≤60	34	81	43
KD1808	18000	140	1600×700	1730×1020	1750	600×900	430	≤60	34.2	81	53.5
KD3808A	38000	180	1600×950	1730×1350	1750	600×900	470	≤70	33.6	120	89
KD4808	48000	200	1600×1200	1730×1350	1750	1000×1000/900/900×1200	470	≤70	35.2	142	112
KD5208	52000	200	1600×1200	1730×1350	1750	1000×1000/900/900×1200	470	≤70	38	142	113
KD5808	58000	210	1730×1200	1880×1480	1900	1200×1200	470	≤70	42.4	170	125
KD6808	68000	210	2100×1360	2180×1650	2200	1200×1200	460	≤70	33.9	180	168
KD7808W	78000	250	2300×1360	2430×1600	2450	1200×1800	500	≤70	35.7	240	184
KD8508	85000	250	2300×1360	2430×1600	2450	900×1800/1200×1200	500	≤85	38.96	240	192
KD10008	100000	250	2650×1550	2830×1600	2850	1200×1800/1000/1000×2000	500	≤80	35.3	240	300
KD16008A	160000	250	3100×1800	3280×1910	3350	1200×2700	510	≤80	35.4	350	510
KD25008	250000	250	3650×2100	3780×2500	3850	1600×3000	650	≤80	37.9	430	726

建筑陶瓷工厂设计概论

表 13 KDB33000 皮带式板材成型系统

公称压制力 (kN)	立柱净空距 (mm)	动梁最大行程 (mm)	底座工作台面 (mm)	动梁工作台面 (mm)	最小闭合高度 (mm)	布料厚度 (mm)	压制最大规格 (mm)	压制砖最大厚度 (mm)	工作压制次数 (strokes/min)	总功率 (kW)	质量 (t)
330000	2850	60	4600×2550	4200×2380	620	≤70	3200×1800	3~30	≤1.5	285	750

表 14 常见单层干燥窑与辊道窑技术参数

内宽 (mm)	有效内宽 (mm)	辊距 (mm)	辊棒直径 (mm)	窑炉长度 (m)	标准单元长 (mm)
1350	1150	P36.07/P40/P44.9/P51.16	φ27/φ30/φ35/φ40		2200
1600	1250	P36.07/P40/P44.9/P51.16/P59.46	φ27/φ30/φ35/φ40/φ45		2200
1850	1600	P40/P44.9/P51.16/P59.46	φ30/φ35/φ40/φ45		2200
2000	1750	P40/P44.9/P51.16/P59.46	φ30/φ35/φ40/φ45		2200
2300	2050	P59.46/P66.67/P70.97/P75.86	φ45/φ50/φ55	由产品规格及产能决定	2200
2500	2200	P70.97/P75.86/P81.48	φ50/φ55/φ60		2200
2700	2400	P66.67/P70.97/P75.86	φ50/φ55/φ60		2200
2900	2600	P66.67/P70.97/P75.86/P81.48	φ50/φ55/φ60		2200
3100	2800	P66.67/P70.97/P75.86/P81.48	φ50/φ55/φ60		2200

表15 双压带式磨边倒角机

设备型号	碟形磨头（个）	修边+倒角磨头（个）	工作宽度（mm）	总功率（不含线架）（kW）	输送带速度（m/min）	耗气量（L/min）	耗水量（L/min）	外形尺寸（mm）	单机质量（kg）
MB650/20+4	20	4	300~650	70.95	5~15	100	480	11230×2760×1680	9900
MB650/24+4	24	4	300~650	82.95	5~15	100	560	11230×2760×1680	10800
MB650/28+4	28	4	400~650	94.95	5~15	100	640	12390×2760×1680	12500
MB1000/20+4	20	4	500~1000	70.95	4~12	100	480	16040×3160×1680	13500
MB1000/24+4	24	4	500~1000	82.95	4~12	100	560	10980×3160×1680	11000
MB1000/28+4	28	4	500~1000	94.95	4~12	100	640	16040×3160×1680	13500
MB1200/20+4	20	4	600~1200	70.95	3~9	100	480	16440×3360×1680	14500
MB1200/24+4	24	4	600~1200	82.95	3~9	100	560	15480×3360×1680	12000
MB1200/28+4	28	4	600~1200	94.95	3~9	100	640	16440×3360×1680	14500
MB1200-1800/20+4	20	4	800~1800	70.95	3~9	100	480	15480×3960×1680	13000
MB1200-1800/28+4	28	4	800~1800	94.95	3~9	100	640	16440×3960×1680	17500

表16 刮平定厚

设备型号	刮平滚刀头数（个）	工作宽度（mm）	工作厚度（mm）	总功率（不含线架）（kW）	输送带速度（m/min）	耗水量（L/min）	外形尺寸（mm）	单机质量（kg）
GD650/4	4	400~650	8.5~20	48.48	3~9	140	4930×2290×2100	7750
GD650/6	6	400~650	8.5~20	71.22	3~9	160	6680×2290×2100	11000
GD800/4	4	500~800	8.5~20	64.48	3~9	150	5090×2490×2100	9080
GD800/5	5	500~800	8.5~20	79.85	3~9	160	6250×2490×2100	11500
GD800/6	6	500~800	8.5~20	95.22	3~9	170	6800×2490×2100	13020
GD1000/4	4	600~1000	8.5~20	78.48	3~9	160	5380×2690×2100	10250
GD1000/5	5	600~1000	8.5~20	97.35	3~9	170	6530×2690×2100	12890
GD1000/6	6	600~1000	8.5~20	116.22	3~9	180	7180×2690×2100	14500
GD1200/4	4	800~1200	8.5~20	92.48	2~8	170	6250×3000×2100	12100
GD1200/5	5	800~1200	8.5~20	114.85	2~8	180	7390×3000×2100	15100
GD1200/6	6	800~1200	8.5~20	137.22	2~8	190	8070×3000×2100	17100

表 17 数控智能抛光线

设备型号	NCPJ650/14/16/20	NCPJ800/14/16/20	NCPJ1000/14/16/20	NCPJ1200/14/16/20
磨头数量（pcs）	14/16/20			
工作宽度（mm）	400~650	400~800	500~1000	600~1200
工作厚度（mm）	5~20			
输送带（m/min）	8~30			
磨头电机功率（kW）	11			
主传电动机功率（kW）	11/15			
摆动动电机功率（kW）	2×3/2×4/4×2.2			
单头耗水量（L/min）	30			
外形尺寸（L×W×H）（mm）	11798/12787/16342×2301×2360	11798/12787/16342×2563×2360	11798/12787/16342×2868×2360	11798/12787/16342×3175×2360
总质量（kg）	18447/21072/26139	19101/21772/26839	19835/22572/28339	20580/23456/29239

表 18 喷墨打印机

机型	皮带离地高度（mm）	皮带速度（m/min）	最大打印宽度（mm）	最大材料宽度（mm）	最大材料质量（kg/m²）	外形尺寸（mm）	设备功率（kW）	质量（t）
KGP70-8X	1100~1250	24~48	700	740	70	5600×1900×2000	20	4
KGP71-8S	1100~1250	24~48	709	740	70	5600×1900×2000	22	4
KGP98-8X	1100~1250	24~48	980	1020	70	5700×2150×2000	22	5
KGP103-8S	1100~1250	24~48	1032	1050	70	5700×2150×2000	25	5
KGP140-12X	1100~1250	24~48	1400	1440	70	9100×2650×2000	35	6
KGP140-12S	1100~1250	24~48	1419	1440	70	9100×2650×2000	40	6

参 考 文 献

[1] 吴晓东. 陶瓷厂工艺设计概论[M]. 武汉：武汉理工大学出版社，1992.

[2] 吴建峰. 无机非金属材料工程设计概论[M]. 武汉：武汉理工大学出版社，2013.

[3] 简德三. 项目评估与可行性研究[M]. 2版. 上海：上海财经大学出版社，2009.

[4] 郑林义. 无机非金属材料工厂设计概论[M]. 合肥：合肥工业大学出版社，2009.

[5] 郑岳华. 陶瓷工厂设计手册[M]. 广州：华南理工大学出版社，1990.

[6] 何强. 智能制造时代工匠精神影像传播的价值研究[D]. 武汉：中南财经政法大学，2019.5：1.

[7] 阮小雪. 智能制造对中国制造业劳动力就业影响研究[D]. 福州：福建师范大学，2018.6.

[8] Wright P K Boume D A. Manufacturing Intelligence[J]. Addison-Wesley, 1988：23-29.

[9] McGraw Hill. Dictionary of Scientific and Technical Terms[J]. Foreign Language Teaching and Research Press，1998(5th)：1029.

[10] Securing the future of German manufacturing industry；Recommendations for implementing the strategic initialive INDUSTRIE 4.0[R/OL]. April 2013.

[11] 宋天虎. 先进制造技术的发展与未来[J]. 机器人技术与应用，1999，(1)：6-8.

[12] 中国机械工程学会. 中国机械工程技术路线图[M]. 北京：中国科学技术出版社，2011：53-67.

[13] 国家环境保护局. 企业清洁生产审计手册[M]. 北京：中国环境科学出版社，1996.

[14] 任强，李启甲. 绿色硅酸盐材料与清洁生产[M]. 北京：化学工业出版社，2004.

[15] 周俊，舒杼，王焰新. 建筑陶瓷清洁生产[M]. 北京：科学出版社，2011.

[16] 中华人民共和国工业和信息化部. 2015年智能制造试点示范专项行动实施方案[Z]. 2015.

[17] 国家制造强国建设战略咨询委员会，中国工程院战略咨询中心. 智能制造[M]. 北京：电子工业出版社，2016.

[18] 中华人民共和国住房和城乡建设部，中华人民共和国国家质量监督检验检疫总局. 建筑卫生陶瓷工厂设计规范：GB 50560—2010[S]. 北京：中国计划出版社，2010.

[19] 中华人民共和国国家发展和改革委员会. 轻工业建设项目可行性研究报告编制内容深度规定[Z]. 2005-09-23.

[20] 中华人民共和国国家发展和改革委员会. 轻工业工程设计概算编制方法：QB JS 10-2005[S]. 北京：中国轻工业勘查设计协会.